吃喝小店
空间设计
500

漂亮家居编辑部 著

海峡出版发行集团 | 福建科学技术出版社

THE STRAITS PUBLISHING & DISTRIBUTING GROUP | FUJIAN SCIENCE & TECHNOLOGY PUBLISHING HOUSE

目录
Contents

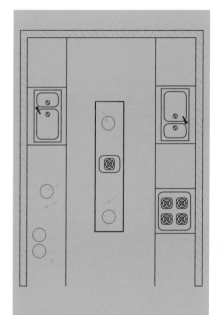

第1章
外观设计

让人第一眼
就想走进去

外观设计不仅传递店主希望呈现的形象意念，同时也是客人决定是否走进店里的关键。因此在讲求风格之余，也应从客人心理状态考量，避免过于强烈的风格语汇造成距离感，以免让路过的客人望之却步。

招牌

001
餐厅属性决定主招牌的设计

一家店的招牌设计，取决于餐饮空间的类型。知名、连锁品牌的餐厅，招牌通常采取规模大且设计抢眼的做法，但对于诉求低调内敛的小型料理店或是温暖的手作烘焙咖啡馆，招牌不见得要摆在非常明显的位置，可以设计在较为不显眼的角落，搭配微透灯光的做法，带出店的主题氛围。

摄影 _Yvonne

摄影 _甲骨文　图片提供 _力口建设计

002
放大侧招、增加立招吸引路过人潮

招牌一般来说分成正招、侧招，有些店家还会有
立招。侧招和立招的设计，应将人潮从哪边来纳
入考量，尤其是单行道的巷子，侧招的位置就必
须安排在进入巷子的方向，同时招牌设计也应突
显餐厅名。另外一种状况是，如果店家位置太过
偏僻或是位在巷子尽头，建议侧招位置可以高一
点、稍微放大尺寸，甚至可以选择在巷口或是人
潮处规划立招与动线指引，让路过的人可以很清
楚地发现。

图片提供＿直学设计

图片提供＿六相设计

图片提供＿本町设计

图片提供＿reno deco 空间设计

003
善用招牌材质、灯光传达餐厅定位

招牌的材质运用，可根据餐饮类型以及风格主题
来设定。一般来说，日式餐厅多以锈铁、木头、
不锈钢材质打造，想要强调日本人的内敛和朴质
精神，还可以选用具有手感的布面或是暖帘作为
招牌的表现。另外对于小酒馆、意式餐厅，招牌
可加入霓虹灯光，让夜间呈现的效果更明显。对
于咖啡馆、甜点店则多以温暖的黄光投射，带出
亲切温馨的氛围。除此之外，招牌的材质也得留
意往后是否好维护，以及 2~3 年后所呈现的效
果是否如原先预期。

004
用故事主题延伸立面设计

外观设计是吸引顾客进门的第一要素，用风格决定门面是最直接的方式，但更理想的是找出店的故事主题去做延伸。举例来说，以露营概念为创意的咖喱店，在外观上就能充分置入与露营相关的元素，如：三脚架、帐篷、露营灯等，自然就会产生独特性。

摄影_Amily

图片提供_近境森设计有限公司

摄影_叶勇宏

005
穿透性门面降低距离感

规模不大的餐饮空间，反而会更需要宽敞、清透的外观，一来可以降低顾客的距离感，再者也能让空间有开阔放大的效果。另一个好处是，多数人还是喜欢有视野的位子，而这些坐在窗边的顾客，就成了招揽生意最好的活招牌。想要更有特色，大面的玻璃窗景可以借由绿意引入自然感，或是利用格栅语汇、其他反射材料，制造光影层次，倒映于地面、墙面，以产生美好的视觉效果。

006
简单材质、色调铺陈创造个性

所谓的个性，并非要多么华丽或是夸张的造型。小型餐饮空间也许在预算上不是太充裕，最快速且最有效率的做法是，用颜色展现特殊性，但同时也要考量周围环境，过于相近的色调或材质，反而会掩没存在感。而即便是很普通的木头或是铁件，通过排列、拼接的差异性，也能创造出属于店家的独有面貌。

摄影 _Yvonne

摄影 _叶勇宏

摄影 _Yvonne

007
延伸空间元素打造内外一致的店面形象

小店店面通常因为店面宽不够而容易被忽略，但并不宜为了吸引目光而做过于复杂、夸张的设计。建议此时不妨将空间风格延伸至店面外观，借由内外风格一致，可更完整地呈现想要表达的小店形象，也让客人第一眼就能了解这家店的风格、个性。

材质｜美耐板、漆料、旧门板

008
小物巧思打造街角日杂景色

以大量的白打造清新甜点店印象，并在白色美耐板上做出洗沟造型，让表面增添线板效果。原本的现代感转化成手感乡村风，整体设计及材质运用不追求繁复反而以简单为主，采用花草、灯饰、旧木门点缀，营造随兴、悠闲氛围。摄影
©Yvonne

材质｜铁件、清玻璃

材质｜实木、铁件、玻璃、水泥粉光

材质｜进口帆布、铁壳字、灯壳字、冲孔板

009

极简设计打造日系小清新

前屋主留下的大片落地窗设计，让光线可以毫无阻碍地进入长形空间。铁件打造的外框，更是保留了空间原有的个性。不再多加装饰，只简单地在门口摆上复古的椅凳及植栽作装点，虽不华丽却流露着悠闲气息。摄影©Yvonne

010

传达手作、天然的质朴感

为了表现手作面包咖啡店手作、天然、质朴的调性，外观上选择实木、铁件与粉光水泥等朴实建材。为了能将店家贩售的手工面包清楚地呈现，在店面的正立面及侧面都使用落地玻璃的设计，传达出透明与安心的印象。图片提供©禾方设计

011

强调线条展现日系清新风格

强调新鲜食材直接来自产地、只通过简易烹饪即可享用的咖喱店，融合店主人钟爱的日系风格，运用白色冲孔板做出格栅线条。选用进口条纹帆布作为雨遮，带出清新的日系感。并在门口加入野营用三脚架与虚拟营火，强化露营主题。图片提供©隐室设计

012

内外互通的通透视野

建筑物外观呈简约造型，以白色作为招牌底调，搭配黑色细体英文字样，打造清新优雅的门面形象。同时配置清玻璃落地窗，让内外形成互通的通透视野，减少与客人间的隔阂感，并将蛋糕柜配置于近店门处，借此吸引顾客目光。图片提供©JCA 柏成设计

013

纯粹原色展现明朗新北欧风格

整体空间走的是明朗轻快的新北欧工艺风格。室内以白色、灰色、绿色为基调，外观利用简单的材质低调呈现，同样以白灰色为主，绿色则以丰富的植物呈现盎然生机。图片提供©直学设计

材质｜木隔栅、白色防水漆、清玻璃、铁制烤漆

材质｜桦木夹板、铁件、瓷砖拼花

014

材质 | 铁格栅、清玻璃

014

简约白调阐述清新风格

纯白色建筑物坐落于都市之中，一旁搭配大片绿意草地作陪衬，使方正建筑形成视觉焦点。外观以简约白调阐述清新的乡村风格，搭配充满线条感的设计，且加入通透清玻璃门面设计，营造明亮清新的质感。图片提供 © 芽米空间设计

015

勾起美好年代的怀旧情怀

将老建材行中才能找到的绿色小口砖贴满建筑墙柱，营造出三四十年前老房子的怀旧痕迹。加上随兴粗犷的木箱盆栽，更让人欲卸下心中烦恼，走进店里歇个脚、喝杯咖啡。图片提供 ©reno deco 空间设计

015

材质 | 绿色小口砖、防水漆

016

材质 | 木作立板、铁框、投射灯

017

材质 | 水泥、黑铁

016

纯净白调传递品牌精神

店面位于幽静小巷中，以纯净白调搭配投射灯光，加上充满童话感的尖屋顶造型，于黑夜中显得格外醒目。借由门面设计象征纯粹、优雅、无太多装饰的甜点，以第一印象传递品牌精神，引导上门客人对于蛋糕的幻想及渴望。图片提供©JCA柏成设计

017

水泥墙面＋铁件，营造冲突美感

空间为专卖果汁的店面。设计师不以明亮、清爽的色彩做外观，反而使用水泥、黑铁等工业风格显著的素材，打造出有如餐厅酒吧般的个性风格，借此让路人产生好奇心，愿意一探究竟。图片提供©The muds' group 缪德国际创意团队

018

光影材质带出日夜不同的视觉变化

大面玻璃介质，主导内外两向的视觉变化，白天视觉清亮，到了夜晚搭配霓虹光影，带出放松的酒吧气氛。大门入口采用渐进式动线，赋予内玄关的概念，一来有隔绝声音的作用，二来粉红色框景则创造了趣味感。此外，加入深灰色外观，降低粉红的甜腻感，反而更显潮味。图片提供 © 开物设计

材质 | 铁件、玻璃、涂料

材质 | 镀锌铁板烤漆、木料、铁件、岩砖

材质 | 塑木、面贴浮字

019
洒脱不羁的工业风谷仓
选定以"谷仓"作为空间主题，同时加入店名"EISEN"铁件元素（德文），定调粗犷工业风设计。外观利用透明玻璃作为隔墙，加以木料、红砖、铁件等材质铺陈空间，保留了材质最原始的样貌，让来到这里用餐的人能感受到纯净、自在的氛围。图片提供 © 禾方设计

020
亲切温馨的和风印象
场地属于长形街屋格局，入口前段的骑楼规划成等待区，中段安排风格鲜明的营业空间，后半段则是自家手作糕点的烘焙区。设计师先针对所需功能分割使用区域，外观的部分则以木头质感将空间主题的温馨、缓慢、悠闲，通过大面玻璃窗释放。图片提供 © 好蕴设计

材质 | 黑铁烤漆、清玻璃

021

乡村粗犷展现阳光精神

外观融入独有的乡村粗犷风格，以橘黄色作为建筑物主调，搭配醒目的蓝色英文字样与太阳图腾，象征"加州阳光"主题。店面融合美式餐厅与运动概念，突破了专卖茶饮的单一形象，打造充满特色的休闲餐厅。图片提供 © 天空元素视觉空间设计所

022

木门遮掩勾引路人好奇感

大门的造型设计，主要考量与欧式建筑外观作搭配。但更重要的是，希望通过两扇居于中间位置的实木门板，以及左右两侧玻璃橱窗的虚实设计，营造出让路人感觉遮掩与隐约可见的好奇感，也呈现餐饮店的神祕气质。图片提供 ©reno deco 空间设计

大门（单扇）| 梧桐木石木 | 高 240 厘米 x 宽 85 厘米

材质｜黑铁框条、钢化玻璃、黑色素铝板

023

流线招牌展现商品形象

以黑铁框条嵌钢化玻璃，打造整面通透的落地窗外观，让顾客可一览店内情景。同时在建筑物嵌入黑色素铝板，将白色招牌衬托得更为醒目。采用完美流线打造招牌造型，借此呼应销售的风格，营造柔软甜腻形象。图片提供◎十分之一设计

024

黑铁调性传递职人品牌精神

坐落在热闹街道上的小咖啡馆，强调的是自家烘焙生豆的技术与品质。因而在外观的呈现上，特别选用黑铁材质作为招牌底调，搭配具有光泽、高贵质感的金色英文字体，以带有个性化的门面设计，营造出专业职人的氛围。图片提供◎力口建筑

材质｜黑铁

材质｜木作、玻璃

025
大面开窗为小门面引入光线及目光

专营法式薄饼的小店，门面窄小室内采光不足。利用简约线板勾勒出欧式外观，以大面玻璃尽可能带入自然光线，也让来往行人看得到里面的动态，引发好奇心以增加入内品尝的机会。摄影 ©Amily

026
粗犷材质展现不羁美式风格

想和时下流行日式简约做出区隔，因此刻意挑选粗糙材质，如栈板、铁件等，不加修饰展现材质原始质感，借此呈现自由不羁的美式复古风。大面落地窗设计，除了有引进光线作用外，也串连了室内外，打造出一个自由没有隔阂的空间。
摄影 ©Yvonne

材质｜铁件、栈板、漆料

027

材质｜水泥粉光、玻璃

027
消弭界线让街道绿意引入室内

咖啡馆坐落于绿树林荫的街上，面对满满的自然绿意。设计师将空间内缩，退让出架高地面作为咖啡馆前院，结合可弹性开阖的落地窗以及玻璃采光罩，消弭室内外界线。不同时节产生的丰富多变的光影绿意，成为最独特的外观风景。图片提供 © 郑士杰设计有限公司

028
蓝绿色调创造抢眼清新的森林感

主打新鲜水果的茶饮店，由内延伸至外的蓝色天花板，象征舒适宜人的天空。招牌有别于一般大型完整的设计，而是特别以独立的绿色铁壳字加上灯光，抢眼的视觉效果，强化消费者对品牌的记忆。蓝、绿色调则传达自然森林的氛围。图片提供 © 力口建筑

028

材质｜铁壳字招牌

029

材质｜咖啡色烤漆玻璃、水晶亚克力

029+030
木板门营造视觉趣味

空间仅 30 平方米，因此设计师在正门处以大面积透明玻璃开拓内外视野，但在大门处却以木材质遮蔽，让顾客开门走进店里的一刹那，会有期待的新鲜感受。图片提供 © 睿格设计

030

031

材质 | 木作、玻璃

031

内推入口创造市区小庭园

以饮食环保、爱动物为概念的蔬食餐厅，空间也采用许多绿色植物的元素。刻意将入口内推，形成一个可以栽种植物的半开放小庭园，落地窗设计也为室内带来温暖日光。摄影©Amily

032

历史建筑转化为文创形象

设计者对老屋抱持能够保留即不拆并将老屋的特色放大的态度。加上信义好丘的建筑是历史建筑，主体无法更改，因此仅有作招牌悬挂，至于招牌设计重点则着眼于醒目与精致。另一重点是将历史建筑的精神延引入室，成功勾勒出文创的品牌重要形象。

图片提供 © 禾方设计

032

招牌 | 仟纳论字 + 亚克力

033

材质｜旧木料、黑铁

033+034
材料反差对比创造吸睛焦点

位于边间的咖啡馆，融合了南法、复古、工业三大主题。左侧弧形墙面选择旧木料、窗框的拼组，达到隐约穿透引起路人兴趣的目的，且窗框经过染色处理，与木料更为和谐。右侧则是模板混凝土墙面与古典门框语汇，两侧形成强烈的反差视觉效果。招牌由黑铁制成，局部腐蚀出标志，并借由高低差及镂空达到招牌元素的层次表现；表面则以锈蚀处理做出仿旧韵味。图片提供 © 隐室设计

034

材质｜黑铁、旧木料、老窗户、混凝土

035

材质 | 杉木板、漆料

036

格栅拉门 | 木作仿旧上漆 | 高 220 厘米 × 宽 120 厘米

035
仿旧建材营造码头风情

建筑物外观加入仿旧白色木作板材，营造帆船的视觉意象。一旁转角更呼应招牌标志作出仿灯塔设计，使店面散发出南法码头的慵懒悠闲气息。且采用蓝底白字搭配黄色（发光二极管）灯规划两款招牌，形成色彩对比的鲜明印象。图片提供 © 大砌诚石空间设计有限公司

036
墨色瓦片与木墙格栅演绎风情语汇

在闹中取静的市中心巷弄间，设计师融合墨色瓦片、深色板墙与纤细的经典格栅等元素，打造"恶犬食堂"精致古朴的店面外观。而刻意降低灯光照度的设计，营造出隐秘放松的用餐气氛，也让这个空间成为洋溢着小市民群聚畅谈欢笑的城市剪影。图片提供 © 游雅清设计

037
充满实验基因的多元空间

这是栋原本就相当具实验性的建筑物，想要重新利用或改造都不是件容易的事。设计团队在尽量维持外观的前提下，将设计重点放在局部保留空间旧元素，并努力加入新元素与之呼应、协调，进而形塑出这个空间内部新的使用方式上。至于招牌设计则是以低调为主，成为有历史沉淀与前瞻创意的新文艺空间。图片提供 © 禾方设计

037

材质 | 清水混凝土、玻璃、隔热铁皮

材质 | 玻璃、帆布、木作

038+039

活动落地窗引入绿意，创造开阔感

隐身巷弄中的储房咖啡馆，外观保留老房子旧有结构元素，因应店主人对于户外、自然的喜爱，整体以白、绿色基调铺陈。侧招牌是一间小房子，白色镂空线条象征灯光，就像坐落在山头上的家，结合手感字体的正面招牌，予人温暖亲切的感觉。特别的是，原本封闭的住宅格局改为四大片活动落地窗，产生开阔明亮的美好氛围，在微凉的春秋季节打开它们，更有助于室内外连接与通风。店主人甚至请木工订制高脚桌，既有的前台就是椅子，四周绿意花草围绕，在此用餐更是惬意。摄影©Amily

040

材质 | 油漆、铁件、红砖道

041

042

材质 | 南方松、木料

040

融入社区的美丽后花园

"好丘"是以天母人的后花园作为设计出发点，从绿地、人、事、物来想象将会在此发生的情境。除保留原有拱形建筑特色外，外观颜色则经过现场试色，才调和出这样与环境较相符的色调，让它与四周建筑物色彩不会重复或冲突，而只是静静地存在。图片提供 © 禾方设计

041+042

仿旧处理留住老屋风貌

坐落于信义商圈周边的 1315 咖啡馆，不规则的建筑物是最大的外观特色，室内外因而产生特殊的三角地带。设计师刻意保留外墙旧有红色瓷砖，搭配以铸铁锈蚀打造的门牌，以及原窗户加上旧木料窗框，留住老屋的原味风貌。木作平台上也大量加入花草植栽，让咖啡馆更加亲近阳光与自然。摄影 © Amily

043

材质 | 水泥粉光

043+044
黑白对比营造简约英伦风

配合咖啡馆整体简约的英伦风格，在招牌设计上仅以对比强烈的黑白呈现；字体采用灌胶字表现衬线字体的细节。此外，由于咖啡馆店廓十分狭长，因此招牌转角处，加入了店内的设计符号"x"，以达到整体的视觉平衡。图片提供 © 隐室设计

044

材质｜黑色镀锌板、橡木

材质｜清玻璃

045
极简设计建立时尚自我风格

入口门面区域运用大量黑色镀锌板，塑造出不同于周边建筑物的时尚空间环境，并利用大面积的黑，营造神秘感让人想一探究竟。入口位置刻意采用斜向设计，并应用大面落地玻璃，将导引动线拉回整体空间中央，就算没有走进去，也能在室外感受到店里的风格及氛围。摄影©Yvonne

046+047
黑色营造私房小店调调

虽然位于巷弄底的转角位置，但不以显眼色调做设计，反而以低调的黑色营造神秘、低调感，并以大量植栽作点缀，增加了自然元素，也增添了视觉层次感受。立面的落地玻璃窗设计连接了室内外增加开阔感，由于位于巷尾，则不必担心来往行人视线。摄影©叶勇宏

048

招牌 | 木板漆、铁杆 | 宽 60 厘米 x 高 45 厘米

048
手作风招牌带来亲切印象

吊挂式招牌以黑色铁杆结合木板漆黑、印刷等设计，展现出手作风的质感，再借着绿色复古外墙砖的色彩搭衬，在小巷街头的转角间带来亲切而朴实的印象。图片提供 ©reno deco 空间设计

049+050
大片落地窗，迎进好采光

整面落地窗设计将大量光线引入深长的室内空间，原本旧的庭院重新规划植物并摆上座位，提供客人户外座位选择。另外以松木板简单与左右邻居略为隔开，避开来往行人，以维持咖啡馆的宁静。看板选用粗糙又不失手感的松木板打造，呼应户外空间的自然元素。摄影 ©Amily

材质 | 松木板

051

材质 | 玻璃

051

手绘黑熊 + 玻璃窗拉近与客人的距离

坐落在中和环球商圈正对面的咖啡熊，主要贩售手工
烘焙咖啡。外观采取玻璃落地窗，搭配温暖的灯光色
调，让来往客人能感受温暖明亮的氛围。侧招牌设计
比例放大，加上品牌标志选用可爱友善的手绘黑熊，
拉近与消费者的距离。摄影 ©Amily

052

简约落地窗景迎入都市街景

专门贩售生熟食的杂货铺，顺应店主人对空间的定位
与大楼本身规划，外观以简约的落地玻璃窗为设计。
招牌现阶段暂时以亚克力手写字，未来店主人打算邀
请手绘字体设计师重新打造窗景的彩绘。摄影 ©Amily

052

材质 | 玻璃

053

材质｜石木、桦木夹板、三角形马赛克、洞洞板

053

简约色调呈现清爽利落日式形象

外观以洁净的白灰色搭配浅色原木，定义出咖啡馆的调性，表现出日式无印风格。门面采用跨距落地门呼应主色调，给人利落的清爽印象。墙面铺陈的三角形马赛克砖则带来纹理变化的小趣味。

图片提供 © 直学设计

054

沉稳色系对比盎然绿意

在水泥丛林中创造自然绿意的休憩区域是店家的中心思想。因此在店面设计上，原始的水泥墙面仅以灰蓝色铺陈，沉稳自然色调有效稳定了空间氛围，流露出淡雅气息，也成为绿色植栽的重要映衬。摄影 © 叶勇宏

054

材质｜涂料、水泥

055

材质｜原木、涂料

055

轻柔的乡村风调性

专卖法式甜点的店家，整体以轻柔的乡村风为主题，将原本深木色的墙面改以白色铺陈，再搭配大面积原木格子窗，呈现清新自然气息，与甜品自身的可爱感相辅相成。沿用原本的台阶，再加上植栽点缀，丰富店面外观。摄影 © 叶勇宏

056

自然素材呼应店家精神

以自然有机作为店家精神，因此在原有庭园开辟开放式香草花园。门口步道则使用二丁挂的红砖，保留原始的洗石子围墙再以木栅栏包覆，呈现生机盎然的田园野趣。招牌以栉瓜颜色和外观为象征，鲜艳的黄色与质朴的棕色墙面形成对比，自能成为目光焦点。

摄影 © 叶勇宏

056

材质｜红砖、涂料、南方松

057
可坐的围墙高度更亲近

原本老屋围墙打掉以及四格木窗拆掉之后，将围墙保留约50厘米高度，让客人可以坐在围墙上聊天等朋友。整面窗户则让坐在窗边的客人可以享受街道的生活风景。庭院植栽多肉植物仙人掌不仅易于照料，且增添绿意情调。摄影 © 李永仁

058
简单材质呼应品牌健康诉求

创新的东方健康饮品以外带外送为主，大门以3片式的活动拉门组成，让入口能完全展开，以开放姿态迎接来往的顾客。展开的入口能清楚看到店内吧台及招牌，木材及水泥材质相互搭配出朴实质感，反映出"Life On"健康饮品的品牌态度。摄影 © 叶勇宏

057

材质 | 漆料、玻璃

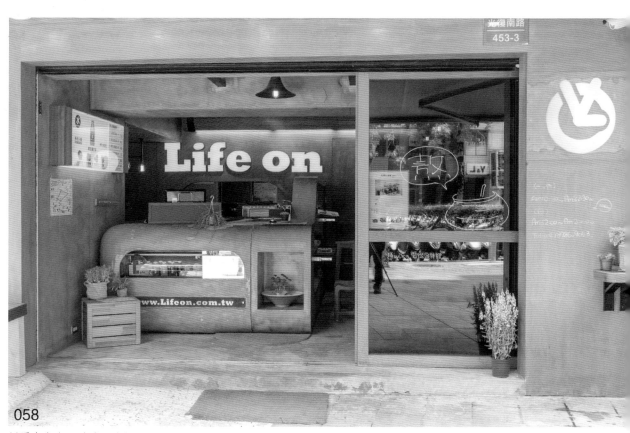

058

材质 | 实木、玻璃、水泥

059

材质 | 实木、钢化玻璃

059
展现中式复古情怀
以大面落地窗取代外墙，穿透的视觉能吸引路人的目光。喜爱收藏老件的店主，特意选用旧式木门，再加上置中的设计，展露浓厚的中国味。圆角的小巧招牌，更显玲珑有致，白色招牌与黑色墙面也形成强烈对比。摄影 © 叶勇宏

060
白，简单闲适的格调
以既有建筑改建的"forro cafe"，希望创造出一个没有围墙阻隔的空间。为了让开放吧台对内外能同时使用，设计者舍去很多既有隔间，作出更开放的设计，并且以白色传递给消费者一种简单闲适的格调。图片提供 © 禾方设计

060

材质 | 旧台湾杉木

061

材质｜钢化玻璃、南方松

061

穿透设计吸引目光

由于店面位于转角处，再加上面宽不大，因此正面和侧面皆使用大面积的落地窗，不仅能让内外环境对话，也能展示店家标志，成为吸引眼球的焦点。下方则以实木打造台阶平台，借此修饰地面高低落差，也作为花圃装饰，呈现绿意生机。摄影 © 叶勇宏

062

染黑松木围篱，巧妙隐身东区巷弄

没有招牌的"Chloechen Cafe"坐落在有三四十年历史的老公寓一楼。为保留店面神秘感，设计师在旧有水泥台阶上，以染黑南方松将店面整个包覆，遮挡来往路人视线以维持店内的隐秘性，更借由深色带出材质低调质感且完美融入周围环境。图片提供 © 涵石设计

062

材质｜南方松

材质 | 黑铁、镀锌板

063

黑铁、扁铁材料玩出创意招牌

取名为卡那达的咖啡馆，招牌以腐蚀黑铁为材料，并以扁铁的方式呈现主招牌。因而虽然咖啡馆隐藏在巷弄中，左右来往的人还是能看见它的招牌。右边的侧招牌则分别以阴刻、阳刻突破方格的手法表现，右侧大楼栏杆、采光罩也是重新打造，使其与外观更有整体性。而门牌则是用镀锌板成型，当中镂空并结合信箱功能以投递信件。图片提供 © 隐室设计

064

招牌时钟烘焙提示小细节

因建筑本身的挑高格局，而让落地窗整面呈现，也让室内获得足够采光和通透感。招牌细节在于以小麦研磨流出意象作为烘焙坊形象图，另外老板喜欢收藏钟表，所以门前特别装置时钟，客人只要抬头看到表面时间，就知道即将出炉的面包品项。摄影 © 李永仁

材质 | 铁件、玻璃、木贴皮

065
以木质框饰的玻璃橱窗印象

基地位于老旧集合式住宅大楼的角间一楼，设计师在外观的门面设计上，融入大量木质语汇来衬托玻璃橱窗的轻盈透亮。外廊上方加做梯形的褐赭色帆布遮阳棚，并将店招印刷其上，远远就能吸引路人的目光。图片提供 © 六相设计

066
温馨可爱的清纯外观

"Mr.Butter Caf'e"坐落在相当宁静的老街区，店家将屋龄颇高的一楼街屋加以改造。门前原来老旧的铁卷门，换上清新又时髦的蓝色调，搭配玻璃的清透感，在炎热的夏日里看起来格外宜人。门前并摆设小折叠自行车与绿色植栽，增添悠闲气氛。摄影 © 叶勇宏

帆布店招兼遮阳棚 | 宽 460 厘米 × 高 150 厘米
材质 | 帆布

材质 | 木作、玻璃、刷漆

067

材质 | 铁件、栈板、漆料

067

低调安静的简约外廊

鹿角公园命名的由来，源自店家与好友们为数
众多的鹿角收藏。这些各式各样在不同旅程中
收集到的纪念品，之后也成为店内关键的风情
语汇。而店旁的小公园绿意盎然，也是让"鹿
角公园"因此完整的最后一块拼图。建筑外廊
以黑色涂装，大面落地玻璃让空间与地景完美
融合。摄影 ©Amily

068

营造欧式复古的淡雅

外围保留原始的水洗石矮墙，入口处则运用低
矮的旧式木门，与板岩外墙和欧式壁灯相呼应。
光线随着墙面纹理映照，创造出欧式复古的恬
淡氛围。大面落地窗的设计，能迎入大量日光。
而围墙也能适时遮蔽，提供空间的隐秘与舒适。
摄影 © 叶勇宏

068

材质 | 板岩、南方松

069

入口点出日杂乡村风咖啡馆主题

面对公园的老公寓，保留难得的院子和原始矮墙大门结构，柔和蓝色木门、漆灰矮墙栏杆以植栽与杂货装饰，点明日杂乡村主题。店主人利用筷盒手作的"营业中"灯具也是迎宾亮点。摄影◎叶勇宏

070

绿意花台呼应自然景致

日式料理为主的餐饮小店，以环境氛围为设计主题，将坐落于公园景观的氛围延伸成为门面设计。入口两侧以红砖砌出花台并种植鸢尾花等植物，立面以极为低调的黑色调刷饰，搭配充满日式风味的暖帘作为招牌，让小店与周围环境合二为一，却又拥有自己的独特性。图片提供◎力口建筑

069

材质｜漆料

070

材质｜漆料、红砖

071

材质｜老木、旧窗花、二手门板

071

让老物件重现旧日手作的美好

外观以具时间感的老物件强调餐厅的手作精神。店面正上方以老木拼接成格栅，借此将大楼其他住户空调室外机遮住，同时成为招牌看板。大量使用老木堆叠出门面复古基调，门窗选用从老屋拆卸下来的老窗花、二手门板，延续怀旧手感，也隐含着餐厅惜物的理念。摄影©叶勇宏

072

温润实木包覆展现轻松悠闲感

咖啡馆位在幽静的民生社区，店主人希望将外在环境的悠然氛围带入空间，让品咖啡的人能静下心来感受咖啡的美好。因此咖啡馆以家的概念出发，外观采用扎实的南方松碳化木包覆，回应周围的绿树草坪。再搭配黑铁勾勒结构细部，给人不拘小节的亲切感。摄影©叶勇宏

072

材质｜南方松碳化木、黑铁

073

材质 | 旧木、铁件

073

自然融入还原老屋样貌

由于原本是作为车库使用，因此门面需重新设计。但为了保留老屋原有的质朴美感，以少量变动为设计原则，只利用简单的窗框线条以及吧台延伸出来的老木拼贴，自然地融入老屋，也凸显咖啡馆的低调个性，让渐渐消逝的美丽可以继续传承下去。摄影 © 叶勇宏

074

温润木素材营造亲切形象

利用落地窗穿透效果，让过往客人能清楚看到店里亲切、温暖的空间氛围，然后可以安心地走进来。以木格栅贴覆外墙，是希望利用木的温润质感，强调没有距离的亲民印象，并呼应屋顶的草皮与门口的植栽自然元素。摄影 © 叶勇宏

074

材质 | 木、草皮、玻璃

075

材质｜镀锌浪板

076

077

材质｜水泥粉、旧木

075

从船舱联想，打造独特门面第一印象

不同于一般咖啡厅以落地窗作为咖啡馆门面首选，反其道而行之，以船舱概念为主题，在银色镀锌浪板上随兴以矩形排列，打破既定的门面印象，同时展现独特创意与趣味。大门仿造船舱门造型则是立面创意的延伸，让设计概念更为完整，也达到视觉上的一致性。摄影© 叶勇宏

076+077

延伸澳洲记忆打造悠闲旅行想像

曾在澳洲游学打工的店长，开店初衷就是希望分享澳洲留学经验。因此从庭院开始，尽量选用水泥、木等原始材质，搭配绿色植物点缀，型塑有如澳洲步调缓慢的悠闲氛围。其中显眼的黄色路牌不只有指示功能，也为沉稳内敛的外观加入了活泼俏皮的元素。摄影© Yvonne

材质 | 进口花砖、线板

078

延伸空间元素，完整乡村风格

店面以白色作为主视觉，利用线板及五金小物强调乡村古典元素，希望给客人亲切、温暖感受。因此选择大面落地窗，让客人能一眼清楚地看到店里面，进而感受到店家想传达的讯息。走道地板以进口花砖铺陈，延续立面古典元素，让客人在门口就能感受浓浓的乡村风。摄影 © 叶勇宏

079

室内空间退缩营造层次感受

将原本盖满的店面内缩还原庭院模样，让客人在进入咖啡馆前情绪得以转换与缓冲。封住原本入口移至另一侧，外墙因此更具连续性。重新漆上白漆并更换上具复古感木格窗，将咖啡馆室内氛围延伸至外观，也给人清新的第一印象。摄影 © 叶勇宏

079

材质 | 老木、漆料

材质｜水磨石

正面外观｜高 300 厘米 × 宽 500 厘米｜铁件、玻璃

材质｜玻璃、南方松

080

从入口就能感受到家的温馨

打破老房子原本封闭感，门口开放式的设计让经过客人可以明显感受店里的氛围，也借此让光线可通过落地窗引入室内空间。招牌低调地以深木色铺底，搭配白色招牌字，设计干净简洁，呼应着店里不过于华丽的装饰，展现有如自家温馨的风格。摄影 © 叶勇宏

081

清爽白净的北欧气息

虽然卖的是精致的法式甜点，不过整体的店面外观，却是简约清爽的北欧风格。廊前镜面金属包覆的圆柱，让第一眼的感觉带了点都市前卫的味道。而法文字串代表着"希望来客能常来一起玩"的意思，与"稻町森"的闽南语谐音，有着趣味十足的呼应。摄影 © 叶勇宏

082

木格栅营造手作亲切感

避开热闹的大马路选择小巷子，是希望闹中取静营造更为轻松、悠闲的用餐感受。也因为位于巷子里，所以选择门面较宽的店面，借此提高能见度。店面元素多偏冷色系，因此在门口以木格栅营造温暖感受，避免让客人产生距离感。摄影 © 叶勇宏

083

083+084
双面开口营造两种不同风情

位于街角的数十年老屋，虽然破旧不堪但仍希望保留些许老屋特色。因此两边皆开了入口，一面重新找来老木料打造复古木拉门，以立面视觉营造老街宁静氛围。另一个入口则以黑白金为主色调，利用黑白两种砖拼贴成简洁门面，简单点缀的金色招牌虽然小巧、低调却仍然抢眼。摄影 © 叶勇宏

084

材质 ｜ 老木料、瓷砖

085
靠窗木长吧｜长 360 厘米 × 宽 40 厘米 × 高 80 厘米｜夹板上保护漆

086
材质｜漆料、南方松

085

明快轻盈的玻璃橱窗印象

整个由玻璃、铝框打造的临街外观相当醒目，三等分的分割点缀活泼的对话框图案，令人联想到三五好友一边享用美食，一边欣赏人来人往的街景或谈笑风生的欢乐景致。玻璃窗前善用雨遮的深度规划户外座位区，此区的玻璃素材改为喷砂材质，确保不干扰玻璃墙两边的客人用餐。图片提供 © 地所设计

086

黑白对比强调独特性

与其运用过多花俏设计让人眼花缭乱，不如走极简设计更来得令人印象深。以强烈的黑白两色做外观主视觉，只单纯以植栽点缀。然而虽然设计简单，却相反地更为引人注目，也凸显了这家店的个性。摄影 ©Amily

087

繁忙街道里的悠闲街景

考虑到店面面宽过窄，因此不作繁复的设计，简单用老旧枕木架高地面创造一个可摆放植栽的平台。并利用杂货小物、植栽以及白色吊椅装点，营造闲适街角一景，借此吸引路过行人目光，进而产生想一探究竟的欲望。摄影 © 叶勇宏

087
材质｜老木

088
粗犷陈旧的浓重金属风格

以 H 型钢作为门板、落地窗的结构，呈现 H 型钢特殊造型和浓厚的金属特性。墙面四周和天花则用药水锈蚀过的铁板铺陈，凸显陈旧粗犷的金属风格。门板以金属网格和实木相拼，展现多层次的视觉效果。利用实木中和铁件的冷冽感，金属网格则与落地窗的穿透设计有异曲同工之妙。摄影 © 叶勇宏

089
巷弄里的幽静绿带

坐落于幽静的国宅社区，"joco latte"为周边居民们提供一处很棒的交谊空间。隐秘又低调的外观带着浓浓的时间感，更有随时飘送的咖啡香气沁人心肺。大面采光的窗与门都避免突兀的装饰物，深咖啡与淡灰绿的门窗框色，巧妙融入周边环境，给人带来如家一般的温馨想象。摄影 © 叶勇宏

088

材质：H 型钢、钢化玻璃、铁件

089

材质 | 铝框、玻璃

090

材质 | 铁件、栈板、漆料

090
鲜橘色与红白条纹的美式摇滚

鲜橘色跟咖啡色木皮以 2/3、1/3 的色彩比例，形成大老远就很醒目的墙面造型。中央较大面的墙上，将店名招牌以挂画处理，别有一番雅致风情。上方红白条纹相间的帆布雨遮，散发出类似美式快餐店的欢乐气息。图片提供 © 地所设计

091
摩登神秘的黑色轮廓

基地是一整排老旧街屋的一楼，黑色为主的店面外观搭配大面清玻璃，在人来人往的地铁站前看起来特别显眼。雨遮右侧有个小巧的户外区，而店内贩售的商品种类以圆形黑底金属牌的形式，倒吊在多处天花板上，设计灵感来自早年黑松汽水的铁牌看板。摄影 © 叶勇宏

091

商品铁牌 | 直径约 25 厘米 | 金属

092

材质 | 玻璃、铁件

092

H 型钢架构门面浓厚工业感

一开始即设定为工业风,因此门面设计也以此为走向。老屋空间纵深,采用大面落地窗设计改善光线问题。门框则以带锈感铁件形塑浓厚工业风。由于外推空间不足,因此以拉门取代外推门,也借此留出更多空间作座位安排。摄影 © 叶勇宏

093

舍弃隔墙拉近与客人距离

不做过多的装潢设计,让水泥和砖墙裸露呈现空间个性,店面外观自然有独特性。有如铁锈的招牌设计低调地告知店名,没有隔墙的通透门面让人有种可轻松进入的亲民感。另外装点大量植物,展现生命力同时也软化过多的冷硬元素。摄影 © 叶勇宏

093

材质 | 水泥粉光、砖

094

材质｜漆料

095

材质｜漆料

096

材质｜玻璃

094

让台北街头迷漫法式风情

以销售松饼为主，因此一开始颜色便决定选用相似的焦糖色。但鲜艳的黄并不适合略带法式古典的外观，因此除了选用较为沉稳的颜色外，也采用仿旧技巧让漆面呈现复古怀旧感。整体完成后再装上复古街灯，街头瞬间散发着浓浓的法式风情。摄影 © 叶勇宏

095

复古老件营造怀旧氛围

原始的老房子前面并没有庭园，特意自己重新改造，让都市里的些许绿意可以疗愈人心。门窗保留原始屋况，涂上灰蓝色调改变原本老旧的颜色，结果出乎意料反而呈现一种清新的复古氛围。摄影 © Amily

096

清玻璃结合木作打亮小店门面

以三片大片玻璃构成外观墙面，顺利将光线引导至室内，同时也希望借由玻璃穿透效果，营造明亮感让客人放心走入消费。招牌以木素材为基底搭配偏棕色店名，形塑低调的同时也带来亲切感。摄影 © 叶勇宏

材质 | 水泥、漆料

097

材质 | 水泥、黑铁、清玻

097

鲜艳黄色打亮门面

原本入口为住家，有棚子又有植物，显得相当杂乱。考虑到入口面宽窄小，因此以简洁设计为主，让门面看起来干净、利落，落地窗设计也让客人能看到店里动态而对这家店产生兴趣。至于黄色矩形则是希望制造视觉亮点，吸引路上客人的注意。图片提供 © 就爱开餐厅

098

小开窗的低调门面成为街角独特风情

外墙有着老房子的水洗石墙面与临近路边的锈蚀感店面招牌，粗犷简朴质感给人零距离的亲切态度。架高的门廊随兴摆放几张椅子，成为户外吸烟区也是午后观察路人的休闲座区。最特别的是，门面不像一般咖啡馆有着大面的落地玻璃窗，只有一扇框漆成黑色的方形窗户正对着内部吧台，像是一幅悬在街区墙面的美丽画作。摄影 © 叶勇宏

098

099

材质 | 实木、铁件、水洗石

099+100

黑色铁件透露低调时尚

室内水泥地坪延续至入口处，借由无华的水泥呈现由里至外的自然质朴调性。橱窗及格门材质则采用黑铁，极简设计可尽情展现铁件的原始冷硬质感。虽然并非华丽材质，但水泥和铁的黑灰配色，为入口形塑出低调的时尚感。图片提供 © 隐巷设计

100

材质 | 水泥、花砖

101

极简留白展现和风意象

希望从外观即给人强烈和风印象，因此利用白色墙打造极简、留白的主要视觉。再利用黑色铁件框架与竹子，借此形塑出完整的日式和风。店名招牌简洁，以简单灯饰强调店名，希望在低调中仍维持一定的辩识度。图片提供©隐巷设计

102

富含建筑美感的工厂风

工义披萨工厂虽是由铁皮屋改造，不过整体建筑外观却非常醒目、现代。以铁灰色企口板打造的立体方框，烘托以几何斜切的刨花板造型。门面设计则采用穿透感最佳的大面落地玻璃，加上玻璃点缀可爱的漫画式图案，一来可以防止碰撞，同时也能增添轻松的用餐气氛。图片提供©子境设计

材质 | 漆料

材质 | 甘蔗板

103

103

绿色植栽具遮挡、缓冲作用

店面与大马路之间没有适当的距离，马路的嘈杂声音及路人视线，多少会影响客人的用餐心情。因此设计师将原本户外座位区，规划成小庭院，并利用植栽自然形成绿色围幕，遮挡路人视线，也让店面与道路保持适当距离。图片提供 © 就爱开餐厅

104

保留老屋样貌展现质朴个性

原始的水洗石墙面是老屋质朴特色，因此决定保留原始状态，只因采光需求在墙面多开了几面窗，改善原本空间里的阴暗。另外在屋顶摆放盆栽，除了有绿化效果，也让冷硬的水泥建筑多了点生气。图片提供 © 就爱开餐厅

104

材质 | 水洗石

105

105+106
洋溢小酒馆风韵的家庭餐厅

走上两阶的高度，一整面古朴的酒红色玻璃墙映入眼帘，迷人的欧洲小酒馆风情油然而生。水泥粉光的地面，镶嵌复古花砖拼出好看的带状图案，廊下悬挂一整排工业风灯饰，在人来人往的仁爱路商圈相当醒目，来客也能透过开阔的窗欣赏流动的街景。图片提供 © KC DESIGN

106

材质｜水泥、花砖

材质｜水泥粉光、铁件

107
温润木质形塑居家温馨

希望营造有如居家的温馨感，因此选用温暖又触感温润的木素材作为外观立面表现，并以不规则的矩形展示，或开窗或内凹收纳，创造视觉变化与趣味。高起的平台以铁件圈围出植栽专属空间，营造有如居家小庭院的温馨。

图片提供 © 就爱开餐厅

108
绿意掩映古朴玻璃橱窗

小店坐落在幽静的老街区巷弄里，外观面宽达8米。原始老旧的铁卷门在店家接手后，改造为能见度佳的铁件玻璃结构。安静的深褐色调，让人有种时光倒流的怀旧感。摄影 © 叶勇宏

正面外观｜高 300 厘米 × 宽 800 厘米｜木作、玻璃、刷漆

第2章
吧台设计

员工和客人都
适宜的最佳尺度

吧台区不只有座位，同时也是主要的工作区之一。除了尺寸、风格、材质的考量外，位置的安排也会影响店里的动线，因此适宜的尺度与多方面的规划，才能让客人和工作人员都感舒适。

尺寸

109
根据设备品项决定吧台尺度

不论是咖啡厅还是烘焙甜点店、早午餐餐厅等等，吧台可说是整家店的视觉焦点之一。吧台的尺度关乎设备品项的多寡，除了咖啡机、甜点柜之外，如果吧台也兼具烘焙、轻食制作需求，就必须扩大吧台的尺度，可能是Π字形或是双边形的结构。若是以外带饮料为主的咖啡店、饮品果汁店，吧台长度应为210~230厘米，以摆设刷卡机、店卡、咖啡机为主。

图片提供 _ 隐室设计

图片提供 _ 睿格设计

摄影_叶勇宏

摄影_Yvonne

110
高吧有气氛，低吧好亲近

一般餐饮空间的吧台有一类为独立型的吧台，通常多数会规划在落地窗前，让顾客可以欣赏到更好的景致。这类吧台高度大约为110厘米，搭配悬挂一整排的吊灯，达到空间氛围的塑造。另一种情况是，吧台既是料理准备区也是座位，如在吧台前端另外延伸桌面，高度降低至约90厘米，坐起来更为舒适。

摄影_Amily

摄影_叶勇宏

111
台面深度视吧台功能而定

假如是贩售饮料和轻食为主的餐饮空间，台面深度或许可以缩减至25~30厘米。但如果贩售的餐点是套餐形式，食物再加上餐盘的使用，又或者是吧台前预留有座位的情况，台面深度建议至少要达到40~60厘米，甚至也许应减少吧台座位的设计，避免客人用餐的不适感。

材质

112

作业区以防水耐用材质为佳

除了纯座位式的吧台，在吧台材质选用上，内侧作业区必须要以防水、耐用、阻燃为主。台面最好也要使用耐磨材质，不锈钢是外带饮品店最常使用的选择之一。吧台上若有电器设备，阻燃材质是最好的，例如：人造石、美耐板等。如果是Π字形吧台，一侧吧台没有任何餐点制作功能的话，则可以无须考虑清洁实用性，可混搭其他材质创造个性。另外，吧台内侧地面建议也要选用防滑材质较为安全。

图片提供_郑士杰设计有限公司

摄影_叶勇宏

摄影_叶勇宏

113

吧台座位着重舒适触感

有座位功能的吧台，在桌面材质的选择上，建议以木皮、实木或是具有实木刻痕凹凸面的美耐板为主，触感较为舒适，同时也兼具好清理保养的优点。

图片提供 _ 隐室设计

114
家具风格取决于空间主题

吧台桌椅的风格和款式，基本上从空间设计去做
延伸，通常不会有太大的问题，但要让材质、色
调有统一性。举例来说，野营咖喱的主题是露
营，所以设计师特别订制一张有着露营三脚架概
念的吧台桌，桌面结构也是镀锌材质，呼应露营
情调的原始感。又好比储房咖啡馆走的是自然户
外调性，因此吧台椅以木头搭布质椅面，带出温
暖氛围。

图片提供 _ 贺泽设计

图片提供 _ Design Butik集品文创

115
带椅背、可升降坐椅让吧台更好坐

高吧台最令人担心的就是坐起来没有一般餐桌舒
服，尤其是有提供餐点的餐饮空间。因此在挑选吧
台椅的时候，建议可选择有椅背的款式，让身体有
支撑，不用一直弯腰驼背。同时也可以选择具有高
低升降功能的，以适合各种身形的顾客使用。

位置安排

116
狭长空间里吧台安排在中段最适宜

狭长空间里若将吧台安排在场地最深处，由于距离入口太远，难以招呼进门或者是外带的客人。因此建议此时可将吧台安排在空间中段位置，空间可略做区隔，站在吧台时可同时注意到客人的服务需求，又方便招呼外带客人，也借此可精简人力。

摄影 _Amily

摄影 _叶勇宏

摄影 _叶勇宏

117
分开安排强调各自功能

由于吧台经常会扮演厨房出餐前的确认工作，因此吧台、厨房两者几乎会被安排在邻近位置。但当店面面宽不足又过于狭长时，两者同时安排在后段位置，反而不便于服务客人。因此此时可把吧台位置往中前段位置挪移，整合吧台与接待客人工作，外场人员则从厨房单纯出餐即可。

118
挪移出餐动线方便吧台工作

厨房出餐口安排在吧台位置虽然方便，但在出餐时外场人员需进到吧台内取餐，此时若吧台区宽度不够，就很容易与吧台手相互碰撞，不仅危险也造成吧台区拥挤。因此建议将厨房人员出入口设置于吧台内，平时厨房人员不常出入，因此不影响吧台工作，出餐口可拉至厨房侧墙位置，动线分流解决吧台区拥挤状况。

摄影_叶勇宏

摄影_叶勇宏

摄影_叶勇宏

119
安排在空间最显眼位置

不可或缺的吧台占据了绝大多数空间，与其想隐藏其存在感，不如顺势安排在入门最显眼的位置，让吧台自然成为空间里的视觉焦点。不过若是有此想法，在设计上需多花巧思，才能让人一进门就有惊艳感。

120

120
杉木吧台呼应自然氛围

"Fujin Tree 353"咖啡馆除了销售咖啡，也提供轻食、手工甜点。∏字形吧台几乎占据一半以上的空间，立面选用无任何加工处里的杉木作立体贴饰，与店内传递的自然感不谋而合。一侧台面考量实用性选择不锈钢材质，另一侧则延续木质基调，约 100 厘米的高度也让整个开放式格局更为通透开阔。图片提供 © 郑士杰设计有限公司

材质 | 木夹板

材质 | 实木皮

材质 | 旧木、油漆
家具 | R SKASA

121

吧台座位解决走道空间不足问题

考虑到空间行走顺畅，因此面窗位置以吧台式座位取代二人一桌的座位，不仅让座位更有弹性，面窗而坐也让人感觉更为惬意。桌面使用木夹板，虽然材质简单却也和这间店的质朴调性一致。摄影 © 叶勇宏

122

善用畸零角落，创造更多使用空间

一入门就能看到开放式的中岛和工作区，运用中性蓝铺陈柜体和墙面形成一体，清楚划分工作区和座位区。侧面的短墙也不浪费空间，设置高脚吧台桌，与其余座位区形成错落有致的视觉效果。摄影 © 叶勇宏

123

原木复古元素散发文青范

储房咖啡馆大多保留老房子既有格局，在通往后方座位的过道上，另辟出适合一人、热恋情侣使用的高脚桌。桌面是旧木回收再利用，锈铁般的椅脚，加上朴实的水泥粉光地面与复古台灯布置，打造出文青范的用餐角落。摄影 © Amily

124

材质 | 人造石、木料

124

4 米长吧台整合烘焙、咖啡制作与花艺

店内有独立厨房,烘焙、咖啡饮品以及花艺便整合在长达 400 厘米的吧台,高度缩减至 90 厘米,以便花艺设计师工作使用,也提供座位功能。吧台后方墙面运用铝板洞洞板材料,作为收纳花艺工具与餐具等使用,既实用也更有生活感。而立面的木料拼贴呼应店主人对自然的喜爱,大尺寸设计与吧台尺度更为吻合与大气。摄影 ©Amily

125

面窗吧台营造小酒馆般惬意感受

市区巷弄的一楼空间以落地窗引入光线,同时交流咖啡厅及街道的内外景致。内部窗边设置单人吧台座区,营造出小酒馆的氛围,让独自前来的消费者能面窗赏景,感受不被打扰的惬意氛围。

图片提供 © 直学设计

125

吧台 | 桦木夹板 | 长 167 厘米 × 宽 40 厘米

126

127

台 | 杉木板 | 长300厘米 × 宽80厘米

126

二手木料拼接手感吧台

考虑到厨房出餐动线，因此将工作吧台安排在邻近厨房一道墙的位置，方便工作人员随时了解厨房出餐状况，也缩短制作饮料、点餐、结账工作动线。吧台以老木拼接而成，刻意不做太多修饰，让旧木的原始状态诉说着过往曾经辉煌的历史。摄影 © 叶勇宏

127

木箱坐椅创造随兴气氛

在窗边规划户外露天用餐区，形成内外的视野互动。建筑物外观加入仿旧木板材增添度假风格，并于外墙装点晕黄壁灯，营造有别于室内的微醺气氛。舍弃传统家具，改用木箱作为座椅，打造出了随兴感的创意表现。图片提供 © 大砌诚石空间设计有限公司

吧台 | 桦木夹板 | 长 171.5 厘米 × 宽 40 厘米

128

化阻碍为优势，利用梁柱创造吧台座位

空间里有无法避开的大型柱体，为了充分利用空间，顺着柱体形状规划能容纳 9 人的吧台式座区，多元的座位形式充分对应不同的消费族群。图片提供 © 直学设计

129

融合多元风格增加视觉丰富性

规划于空间内部的吧台区域结合现代、古典与复古，天花板与吧台设计各自使用线板、镀锌浪板做出立体层次。不锈钢吧台则兼具实用考虑，同时整合餐具收纳与甜点冰柜，搭配蓝色珐琅吊灯，带出空间的丰富性。图片提供 © 隐室设计

材质 | 线板、不锈钢、镀锌浪板

130

吧台｜约高 100 厘米 × 宽 150 厘米　材质｜杉木、木夹板、护木油

130

原木打造释放温暖疗愈气息

整体空间以温暖的木料为主材质概念，吧台区也以杉木、木夹板等木素材打造。为了让一样的木料有更多不同的变化，以有色护木油将木材上色，再把深浅不一的木材拼贴成吧台立面，形成吧台区的视觉特色。背墙以单纯木夹板贴覆，延续空间里不使用过于华丽材质的质朴本色。摄影 © 叶勇宏

131

面窗单人座位区让一人用餐也很自在

为了让座位区空间富有变化，除了安排一般 2 ～ 4 人的座位之外，更沿着墙面规划面窗的单人座位区，即使一个人单独前来用餐，也可以拥有安静不受打扰的角落。图片提供 © for Farm Burger 田乐

131

吧台｜长 250 厘米 × 宽 40 厘米｜三合板

复古工业吊灯｜钢材烤漆、E27 爱迪生灯泡｜工业风吧台椅

132+133

金属单椅衬托工业风

吧台高度以一般顾客能倚靠的 125 厘米高度为主，椅子则未限定高度，以金属材质、线条简单为首选，也能和工业风空间相呼应。图片提供 © 睿格设计

134

彩色吧台形塑视觉焦点

吧台柜体加入充满个性的彩色图纹，形塑视觉焦点。吧台区后则配置大面收纳柜体，用以陈列杯子餐具等，满足收纳之余，也让墨绿色墙面多了美观的展示作用。天花板上悬挂高低错落的裸露灯饰，搭配黑色铁件单椅，增加了复古厂房调性。
图片提供 © 大砌诚石空间设计有限公司

吧台｜长 300 厘米 × 宽 80 厘米｜不锈钢、杉木

135

柜台｜长 250 厘米 × 宽 40 厘米｜木

136

137

收银柜台｜宽 120 厘米 × 高 85 厘米｜越南栓木贴皮

135+136

柜台正对入口提升人员对应效率

一楼空间为对应老房子格局及管线位置，无法再配置接待柜台。因此改造原本的二楼后阳台，将入口往上挪移。将柜台正对入口的设计，考虑到了人力需求，服务人员能同时进行点餐、等候带位及饮料制作等工作。图片提供 © for Farm Burger 田乐

137

木收银台温暖了工业风

以栓木贴皮打造的美式造型收银柜台，除了具掩饰台面下工作杂物的效果，柜台外观的木感材质在水泥色与不锈钢质感的空间中也显得清新、温暖，而搭配黄铜仿旧吊灯则更有疗愈感。图片提供 © reno deco 空间设计

138

吧台｜钢材烧焊烤漆、天然花岗石、木材

138

花岗石＋木纹 混搭风情

位于作业区的金属吧台椅，为符合吧台设计，提升了高度，搭配以深色花岗石作为台面的设计，加上立面的木纹，虽为不同材质整并，但只要在色系上做调和，也能达到和谐的效果。图片提供 © 睿格设计

139

释放浓浓昭和风情的卡布里台

坐落店内正中央区域的卡布里台，是这类日式料理店的功能与精神轴心。以 L 形延展的巨大量体，可容纳多位来客并肩齐坐，同享大厨现做的美味料理。图片提供 © 游雅清设计

139

双层卡布里台｜长 831 厘米 × 高 75 厘米 × 宽 45 厘米｜木作贴皮

140

柜台 | 长 350 厘米 × 宽 45 厘米 | 集成实木

140

降低吧台度增进与消费者互动

低台度的吧台结合料理台，局部以玻璃阻隔烹煮时产生的油烟。半开放式的设计不仅能让主厨在消费者面前展现精湛的厨艺，也能近距离与消费者互动。厚实的集成实木材质让意式餐厅呈现亲切的现代风格。图片提供 © 潘子皓设计

141

区分柜台及作业区维持空间整洁感

客群锁定为上班族女性，希望呈现简洁清爽的空间感。因此将制冰及打果汁等作业安排在独立厨房，面对消费者的柜台单纯只作为收银及点餐使用，使整体空间能保持干净不杂乱的视觉感。图片提供 © 逸乔设计

柜台 | 长 192（含活动门）厘米 × 宽 60 厘米 | 木作烤漆、镜面

材质 | 人造大理石、钢烤白漆

142

闪耀雍容的流畅平台

以纯白人造大理石、钢烤白漆打造台面，结合用餐吧台与工作柜台，形成一气呵成的流畅平台。顾客坐于此处，贴近观赏制餐流程，可获得新颖的视觉体验。餐椅则采用金属结合透明塑料材质，增添了科技时尚的气息。图片提供 © 十分之一设计

143

砖墙与原木打造不做作的美式乡村风

一进门即引人注意的吧台，材质选用栈板，特意染成较深的木色，是为了让空间更为沉稳、内敛。随兴的拼贴手感和红砖背墙则让人感受到质朴、不做作的美式乡村风。点餐取餐也因此多了份让人安心的温馨感。摄影 © Yvonn

材质 | 栈板、红砖

144

吧台丨长 300 厘米 × 宽 40 厘米丨三合板

144

单人座区营造多种用餐感受

迁就老房子原本楼梯及厕所位置，并考虑到管线位置，将厨房安排在一楼，其余空间则分配给座位区。由于室内面积不大，除了配置 2~3 人的座位之外，邻窗部分规划单人座区，以满足不同的来店消费客群。图片提供 © for Farm Burger 田乐

145

不设吧台椅，不局限可能

高 1.2 米的美耐板材质吧台，不仅能阻挡内部工作杂物，也能摆放饮品。刻意不放置吧台椅，让空间能有更多的变化可能。图片提供 © 禾境室内设计

145

吧台丨美耐板木板、栗色胡桃美耐板、三星人造石

146

吧台｜回收老木料拼贴｜宽 250 厘米 × 深 450 厘米 ×
高 85 厘米

146

茅草＋啤酒布招＝轻松的自然休闲感

店中央的卡布里台本身具备多重功能，既是实用的
用餐区，也分段安置必需的台面冷藏柜及台面下的
冰箱、水槽、烤箱、工作台等功能。利用台面的高
低差整合出完善的工作轴线，外部则以茅草、啤酒
布招等元素，营造轻松小酌的悠闲感。图片提供 © 游雅
清设计

147

粗犷材质打造工业感舞台

吧台位置安排在狭长空间的中段位置，是为了精简
人力，让店长可同时招呼外带客人以及随时掌控店
里客人状况。吧台柜体结合松木板及镀锌铁板，不
再多做修饰，让木与铁的原始肌理，自然架构出一
个极具手感的工作吧台，呼应咖啡、甜点的手作概
念。摄影 © Amily

147

材质｜松木板、镀锌铁板

148
展示柜 | 木作贴皮 | 高 240 厘米 × 宽 145 厘米 × 深 40 厘米

149
材质 | 黑铁

150
材质 | 老木实木皮、花莲石、大口砖

148
静谧质朴的怀旧风情

配合长形房屋格局，设计师以中央过道来定位两边的长吧台区、灯光展示柜以及另一边的客座区。整个天花板皆以纹理温润的木质包覆，巧妙地将原有结构梁化为仰角造型层次的一部分。两侧墙面融入立体格栅语汇，带出优雅静谧的日式风味。图片提供 © 好蕴设计

149
半开放窗景吧台制造悠闲步调

设计师将部分座位区直接整合在门面规划中，借由高脚吧台桌面与活动窗户设计，带出缓慢悠闲的咖啡时光，在独立之余亦有亲近户外的感受。夏季可将窗关闭打开空调；春秋时则可打开窗子通风，也让室内延伸更为通透开阔。图片提供 © 力口建筑

150
具台味人文的欧风吧台

白色大口砖搭配老花莲石裁切而成的踢脚板，这看似新颖的欧风吧台立面，其实建材相当具有老台味，搭配店面内部的老木装饰主墙更有人文感。另外，灯光为配合挑高的天花板而采用工业风吊灯，并在面包区使用暖色光源，借以暖化柜台区 LED 冷光源的空间感。图片提供 © reno deco 空间设计

151

黑铁语汇展现利落感

因场地的不规则，设计师利用侧边长形窗景规划一整排吧台座位。由于店内贩售主要以咖啡为主，因此将桌面深度缩小，加上纤细的黑铁桌脚设计，更为现代利落。来自法国的品牌黑色家具，与空间更有整体感。图片提供 © 隐室设计

152

原始材料呼应咖啡纯粹本质

以纯粹的水泥打造吧台，呼应店长专注于咖啡品质的精神。另以不锈钢板台面强调空间里的轻工业风格，呈 L 形的吧台设计则顺应工作动线。后段安排座位方便客人与冲泡咖啡的店长聊天，前段则便于点餐与结账。工作区域划分清楚，即便两人同时在吧台也不显拥挤。摄影 © Yvonne

151

材质 | 水泥粉光

152

材质 | 不锈钢板、水泥

153

153
粗犷旧木传递餐厅环保理念

不仅追求环保，连家具也采用回收旧木制作。邻近落地窗的位置顺着窗形规划吧台座区，即使单独前来用餐的客人也能欣赏户外窗景，自在用餐。保留纹理质感的回收旧木桌面，呼应着追求自然环保的精神。摄影 © Amily

154
多功能ㄇ字形中岛吧台

兼营面包与餐饮的复合式餐厅内，吧台除了兼备结账、包装、切割面包与试吃等功能，同时也有工作吧台的需求。为了满足所有功能，采用ㄇ字形中岛设计来扩大内部工作区，可容纳3~4人同时工作。图片提供 © reno deco 空间设计

154

台面冷藏柜 | 金属玻璃 | 长 180 厘米 × 宽 75 厘米

155

材质｜木作、镜面

155
根据作业台面及设备量身打造吧台

餐厅提供种类丰富的健康食品，因此少不了各式烹饪炉具、洗台及冰柜，吧台尺寸配合后方料理台面大小，并能容纳 2~3 人同时作业。靠近入口处的位置兼具收银功能，在备餐时也能随时招呼客人。吧台上方以黑铁制作的层架，则能增加收纳功能。摄影 © Amily

156
镀锌三角桌脚呼应野营主题

面临落地窗区域规划为吧台座位区，吧台桌以镀锌材质做出桌面框架，三角支架桌脚呼应露营主题，搭配复古白色瓷砖桌面，现代简约中带有些微的工业基调。除此之外，布置上围绕着野营主题，墙面特别找来旧木箱搭配露营用具作为摆设，并在每个旧木箱上设计专属标志与图腾。图片提供 © 隐室设计

156

材质｜镀锌板、瓷砖、旧木箱

吧台 | 木作长 450 厘米 × 宽 1800 厘米

157
一人经营薄饼小店的宽敞吧台作业好自在

法式薄饼小店提供简单的轻食及饮料，需要宽敞的吧台放置各种冰箱、咖啡机、烤箱及炉具等工具设备，同时也在吧台搭配几张高脚椅，为熟悉的常客留下近距离聊天互动的位置。摄影 © Amily

158
开放中岛吧台制造家的氛围

1315 咖啡馆除了贩售咖啡外还有多项轻食可选择。设计师落实吧台结合厨房的概念，打造出像家一样的中岛吧台。开放式的餐点制作，也拉近了与客人的距离，加上管线重新配置关系，中岛吧台因而架高地面，餐点制作顺势成了一场料理表演。而一侧吧台则刻意延伸较低的桌面，成为一人座位最佳的选择。摄影 © Amily

材质 | 梧桐木

159
自然互不打扰的适宜尺度

由于空间不大，因此除了座位区外，吧台也另外附设座位。纯粹黑色为主的吧台，强调极简线条设计，并与空间里的白色成为强烈对比。略高的立面设计，刻意将工作区与客人隔开，让店员可以专心工作，客人则能在不被打扰的状况下享受一个人的宁静。摄影 © 叶勇宏

160
缩短台面宽度争取客座数

利用吧台形式座位增加座位数，减少吧台台面宽度，维持走道舒适的行走宽度。漆上中性明亮色系淡化墙面冷硬印象，辅以壁灯营造温馨感，让客人即使是面墙用餐，也不至于感觉被冷落，或者有面墙的压迫感。图片提供 © 贺泽设计

159

家具 | 日本学校椅

160

吧台 | 宽 40 厘米 × 长 420 厘米 | 厚皮大干木 | 墙面 | 茶玻、漆料

材质 | 水泥粉光、超耐磨地板、木作

材质 | 玻璃

吧台 | 胶合清玻璃 | 长 354 厘米 × 宽 45 厘米

161 大面黑墙创造对比视觉效果

咖啡熊手工烘焙咖啡馆以外带为主，顺应空间尺度将吧台区予以放大，并整合咖啡豆与挂耳包陈列、冰箱设备等等。正面采用空心砖、层板设计，摆放着店主人每天新鲜烘焙的豆子。后方墙面特别选用与水泥、木作色调有强烈反差效果的黑色刷饰。未来店主人也准备邀请艺术创作者加入彩绘，让空间更丰富。摄影 © Amily

162

古董柜变菜单与设备、外带台

曾旅居国外的店主人，期盼以美国东部餐馆氛围打造第二家店。整体基调以美式工业风格为主，吧台区包括生熟食、饮品冰柜。令人惊喜的是，店主人将古董柜拆开来使用，上柜安排于吧台后端结合咖啡饮品菜单，下柜部分则作为咖啡机设备的摆放，而下柜外侧本身的抽屉就是放置外带餐具绝佳的收纳地方。通往二楼的楼梯以铁件语汇带出工业风氛围，穿透的视觉降低了小空间的压迫感，搭配各式红酒瓶装饰，成为店内独具风格的画面。摄影 © Amily

163

框架建构堆叠秩序感

运用框架构建吧台区主题，采用白色搭配黄色定调，带出明亮活泼的氛围。木椅以堆叠形式呈现，产生整齐的秩序感，同时模糊桌子台面、高脚椅的轮廓，将软件自然融入环境之中，衍生让人惊喜的视觉趣味。图片提供 © JCA 柏成设计

材质｜瓷砖、旧木料

164
白瓷砖搭旧木料呈现家的氛围

走进卡那达咖啡，迎面而来的便是吧台兼柜台。以水泥为吧台立面的设计看似冷调，然而设计师却充分糅合旧木料元素，规划为吧台桌面以及后方的层架。加上壁面所选用的白色瓷砖，让吧台呈现有如家一般的温馨。右侧意大利橘色复古冰箱更有跳色的效果。图片提供 © 隐室设计

165
大面窗景与户外呼应

由于店面前方视野辽阔，且两旁行道树众多，葱郁绿意的美景自然形成，因此采用大面落地窗，让室内与户外产生连接，并设立临窗吧台，创造闲适抒压的小角落。考虑到用餐需求，加宽吧台桌深度之余，桌面也不靠窗，运用深度增加，不论是餐盘或置物都有足够的容纳空间。摄影 © 叶勇宏

吧台｜长 230 厘米 × 高 110 厘米 × 宽 40 厘米｜实木贴皮、铁件

166

材质 | 老木、水泥、铁件

166

冷色系形塑空间宁静基调

结合艺廊的咖啡馆，希望呈现气质、安静的空间氛围。因此结合冰柜设计的长形吧台，立面以老木带出手感特质，颜色则染成灰色，与周边的冷色调做搭配。水泥台面虽然给人冷硬印象，但与老木皆是能呈现质朴感的素材，因此虽是相异材质，却巧妙借由颜色与质感彼此呼应。图片提供 © 涵石设计

167

材质特性展现吧台个性

有别于以白色及浅色为主的座位区，以接近水泥材质的水泥板作为吧台立面，注入些许吧台手的独特个性，配合灰色吧台，选择颜色深沉的老木，作为吧台台面以及座位区桌面，颜色互搭散发出让人放松的沉稳气息。摄影 © Yvonne

167

材质 | 水泥板

168

吧台 | 长 348 厘米 × 高 78 厘米 × 宽 49 厘米 | 实木

168
创造座位极大值

在空间面积较小的条件下，利用格子窗景打造吧台区，不仅有效地节省面积，创造座位区的极大化，也让窗景成为店内一大特色。喜爱老件的店主，以爱迪生灯泡作为吧台区的吊灯，展现复古乡村特色。
摄影 © 叶勇宏

169
后推作业区，视野一览无遗

作业区吧台刻意后推，让业主能一眼看见所有来到店里的客人，不仅能和客人打招呼，也能产生情感的交流。以水泥打造而成的吧台，也呼应空间里的工业风调性。图片提供 © The muds' group 缪德国际创意团队

169

170

材质｜集层木

170

临窗吧台创造静谧空间

面对花园的窗户刻意沿窗设置桌板，打造临窗吧台，引入窗外绿意。而吧台与座位区以半开放的隔间区隔，创造半独立的静谧空间，不论是独自一人或是两两结伴都很适合。格栅式的木作天花板，展现原木的温润特质，与户外花园的自然环境相呼应。摄影 © 叶勇宏

171

蓝色吧台和粉红吊柜组合抢眼

使用西班牙砖组成的吧台设计，大胆用色的亮面效果，让水泥粉光的吧台台面更显出粗犷质感。玻璃杯柜采取封闭式吊柜，并以粉红色的色彩形成更抢眼的幽默效果，也避免了由于饱满的色彩视觉又有太多零碎小物件，而显得过于凌乱失焦。摄影 © 李永仁

171

材质｜瓷砖、水泥粉光

吊柜 | 铁件 | 宽 360 厘米 × 深 40 厘米 × 高 120 厘米

172

如窗般折射光线的吊柜

在中岛吧台中间设有铁件吊柜，主要用来区分及稍稍遮掩用餐区与面包区的视线。吊柜上的九宫格玻璃板可卷动，如同窗户般让光线可产生折射效果，进而可作室内补光之用。另外，吊柜还有收纳与展示功能，是兼具造型美与实用功能的设计。图片提供 © reno deco 空间设计

173

多层次光源，创造华丽视觉

融入家中厨房中岛概念，借此拉近调酒师与客人之间的距离，以强烈的黑白条纹大理石作为吧台立面，辅以间接灯光强调华丽感，让吧台成为空间视觉焦点。大吊灯不规则安排形成趣味话题，透出的橘红色光圈，则让光源产生更多层次，丰富空间感受。图片提供 © 涵石设计

材质 | 大理石

174

材质｜栈板、红砖

174

柜台邻近入口使工作人员轻松应对消费者

由于无法更动老房子的楼梯位置，同时迁就原始管道，因此将工作柜台设置在正对入口处，柜台服务人员也能同时兼具接待、点餐及饮料制作的工作。图片提供 © for Farm Burger 田乐

175

降低吧台座位高度更舒适

相对于多数吧台与用餐结合，多半以高吧台的姿态呈现而言，小酒馆的吧台座位特别采取与一般餐桌高度一致的75厘米，搭配编织椅凳的运用，提供舒适且优雅的用餐环境。地面则是以六角砖与水泥粉光做出区隔，灰色系六角砖并局部加入黑色作图腾排列，让单一材料衍生丰富性。图片提供 © 开物设计

175

材质｜六角砖、桧木、水泥粉光、环氧树脂、玻璃、铁件

176

安静不被打扰的小角落

L 形吧台较短的这一面，刚好可以安排两个座位，位于结构柱旁形成隐秘角落，正适合想要安静的客人。就算他突然想和人聊聊天，也能近距离和工作人员交流，一个人也不会感到无聊。摄影 © Yvonne

177

金属焊接的粗坯美感

木质打造的柜台内嵌甜品冷藏柜，但更吸引眼球的是柜台上方金属焊接的储物上柜，店家自行发包铁工焊接而成的柜体，特别是焊枪留下的痕迹，为空间注入粗犷的工业风气息。尽管体量看来相当巨大，不过结构上都有扎实的安全考虑，同时也能依据店家不同主题的摆设，发挥极佳的展示效果。摄影 ©Amily

176

材质 | 木栈板

177

多功能柜台 | 高 131 厘米 × 宽 470 厘米 × 深 53 厘米 | 木作刷漆

NT:80元

178

柜台｜宽 60 厘米 × 长 200 厘米　材质｜木作、水泥

178

流畅弧形收边创造水泥亲切感

在小面积空间里创造出复合式吧台设计，以对应
各种作业需求。木作外覆水泥的做法创造出流畅
的弧形收边，使原本看起来生硬的水泥材质展现
了亲和力。吧台立面除了留出展示冰柜空间，也
腾出植栽角落以增添生命气息。摄影 © 叶勇宏

179

窗前高台欣赏流动街景

相对于户外的炎热，冷气清凉的室内绝对是欣赏
街景的好处所。店家特地在大面玻璃窗前打造一
排高餐台，搭配复古工业风金属高脚凳，让来客
可以一边品尝店家以当地新鲜食材精心烹调的美
味餐点，一边欣赏路上的熙来攘往。摄影 ©Amily

179

窗前高台｜高 100 厘米 × 宽 400 厘米 × 深 40 厘米
材质｜木作、铁件

180+181
洋溢手作感的怀旧魅力

位于入口的饮品吧台兼柜台，同时也具备外带区功能。因为内部空间真的不大，所以必要的功能得善用最精简的空间加以整合，通过高低台面的落差区隔用途。温馨的木头质感呼应主题的蓝色系，整体有种淡淡怀旧却又悠闲惬意的味道。摄影©Amily

多功能柜台 | 高 100 厘米 × 宽 210 厘米 × 深 70 厘米 | 木作刷漆

182

材质｜老木、老窗
吧台椅｜藤、铁

182
老件拼组成的好用吧台工作区

利用购买自彰化老房子拆下来的老窗，将厨房与
吧台隔开，同时成了吧台最吸引眼球的背景墙。
厨房主要负责烹煮，吧台则具制作饮料、点餐功
能，因此结账工作台和冷藏柜安排在吧台旁边，
借此延伸吧台长度，形成一个完整、动线顺畅的
工作区域。吧台和工作台立面拼贴老木材，利用
材质统一易显杂乱的工作区，视觉上也呼应了空
间里的复古氛围。摄影 © 叶勇宏

183
有如怀旧杂货店的工作柜台

主要作为点餐、出餐、结账之用的工作柜台，是
店主人亲手打造的，利用原木色和白色壁板营造
乡村风格。玻璃柜兼具展示功能，搭配黑板手写
菜单及店主人搜集的老钟旧物摆设，让空间更具
怀旧复古的魅力。摄影 © 叶勇宏

183

吧台｜实木贴皮

184

材质 | 杉木、集成木皮、文化石

184

木质吧台营造清新质感

吧台空间加入杉木、集成木皮和文化石等建材，营造清新自然的空间质感。并在吧台后方以浅色杉木板材为背景，嵌上展示层架，让杯盘形成墙面装饰，而吧台前方则规划整排座椅，打造顾客、店家密切互动的用餐体验。图片提供 © 芽米空间设计

185

利落线条设计结合柜台与吧台

柜台与吧台利用造型线条带动，同时呼应天花板折线设计，成为空间最重要的表演舞台。高低落差的设计能同时对应柜台与吧台各自使用功能，右侧吧台部分以单支铁件作为结构支撑的桌脚，使整体造型更为利落轻盈。图片提供 © 虫点子创意设计 + 室内设计工作室

185

柜台 | 长 300 厘米 × 宽 80 厘米 | 实木皮
吧台 | 长 200 厘米 × 宽 60 厘米 | 实木皮

吧台｜长约 300 厘米 × 宽 60 厘米｜木作、铁皮

吧台｜约长 400 厘米 × 宽 40 厘米　材质｜系统板材、实木

材质｜木作

186

金属材质包覆表现地道新奥尔良风格

提供地道新奥尔良美食的餐厅，餐点种类丰富多元，从浓汤饭到松饼、炸鸡都有。厨房根据菜色规划备餐动线，内吧台区扮演摆盘及出餐的工作，外部则利用延伸平台放置酱料、餐具及菜单等。吧台表层以铁片包覆，上方也以黑铁订制的层架装饰，呼应新奥尔良的粗犷调性。摄影 ©Yvonne

187

木质吧台形塑居家温暖感

利用深木色打造吧台，呼应内敛、沉稳的空间氛围。在工作高吧前方摆放实木打造而成的吧台，实木吧台带入手感，台面则增加温润触感。而也因为多了吧台座位，而让客人与店主有互动的机会。摄影 © 叶勇宏

188

抽屉式活动桌面创造弹性座位区

为了在有限空间创造更多、更舒适的座位，吧台侧边规划为书墙，提供许多生活设计类杂志给顾客阅读。书墙里更暗藏巧妙玄机，这里以抽屉为设计概念，利用书架层板厚度设计活动式桌面，成为可灵活运用的座位区，同时不影响走道进出。摄影 © 叶勇宏

189

189+190
面窗单人座，独享一个人的惬意

复古木格窗不仅有绝佳采光，怀旧木窗也为空间增添怀旧氛围。窗与窗之间的梁柱以质感温润的柚木拉齐线条，并顺势成为吧台座位的桌面。交互搭配靠背式吧台椅和高脚椅凳，丰富视觉变化及客人选择。座位附近皆设置插座，也是贴心考虑到单独的客人多会有利用电脑工作的需求。摄影 © 叶勇宏

190

材质｜清水砖、杉木、木夹板、护木油
吧台椅

吧台｜长约 180 厘米｜木贴皮

191

平台设计强调与客人互动

材质保持简单不作太多修饰，因此吧台背墙采用简单的木夹板染深，营造视觉焦点。吧柜则以清水砖结合杉木打造而成，采用平台式设计，减少高式吧台给人的压迫感，借此拉近和客人的距离，也方便店长可以随时观察各个座位区的动态。摄影 © Yvonne

192+193

不只点餐功能，更是料理舞台

小小的店里，吧台势必成为空间的视觉焦点，因此以木作为主要视觉，塑造空间里的温暖调性。将主要作业区安排在 L 形吧台落地窗一侧，一方面是满足老板想在阳光充足的地方做菜的期望，另一方面也有展示效果，借此让客人对他们料理与食材的把关更为放心。摄影 © 叶勇宏

材质｜杉木

194
加宽吧台面宽更好用

单独的客人大多会选择吧台位置，考虑到这类型客人多数有带笔记本电脑工作的习惯，因此特别加宽吧台深度，让每个坐在这里工作上网的人，不仅能享受最好的阳光，也可以有更宽敞的空间使用。吧台椅选择触感舒服的木材质，则是增添吧台座位舒适的贴心安排。摄影 © Yvonne

195
展现材质未经琢磨的天然本性

沿用外观镀锌浪板打造吧台立面，让金属的冰冷质感与冷调的空间氛围相呼应。使用时经常接触到的台面，则选择触感温润的旧木。两者冷暖调性虽然冲突，但同样具有会随着时间留下岁月痕迹的特质，反而意外合拍。摄影 © 叶勇宏

195

材质｜镀锌浪板、旧木

196
木制柜台｜长 395 厘米 × 宽 85 厘米 x 高 110 厘米｜夹板

197
材质｜H 型钢、水泥粉光

198
材质｜H 型钢、铁片

196
黑白对比搭配金属的个性主义

黑色裸式天花板、局部贴上白巧克力砖的造型墙，以及刻意刷旧营造质地斑驳的 PVC（聚氯乙烯）地板，让空间处处显露随性自由、不做作的味道。而灯具、风扇、用来兼作屏风的金属格架与吧台高脚椅等等，点状散置的金属风味让空间性格表露无遗。图片提供 © 地所设计

197
节省空间又能维持客席数

希望尽量留出空间感，加上原本房屋面宽也窄，因此在靠墙面增设吧台座位，利用 H 型钢作为基础支架，再放上深色木板台面，虽然厚实却别具特色。由于临近入口落地窗，坐在这里的客人也不会有面墙而坐的压迫感。摄影 © 叶勇宏

198
粗犷金属塑造重度工业感吧台

呼应空间里浓厚的工业风，吧台以 H 型钢和铁片架构而成。H 型钢和铁片皆维持表面原始锈感强调原始感，台面选用纹路明显、颜色较深沉的木贴皮搭配，并在吧台上方以木作打造乡村风外推窗，虽无实际用途但却意外让粗犷吧台增加些许有趣的元素。摄影 © 叶勇宏

199

材质 | 黑玻、瓷砖

199

平台式设计拉近与客人距离

以白色瓷砖塑造吧台区简洁印象。台吧选用木素材并加宽台面宽度，打造成容易与客人互动的平台式吧台，借此也为整个料理区营造出没有距离的温暖感受。为防止料理或煮咖啡时的咖啡渣落到客人用餐台面，另外以黑玻架高约 20 厘米作遮挡。摄影 © 叶勇宏

200

结合冷暖元素的抢眼主角

以结合冷暖元素作为吧台设计创意，火烤、染色的杉木形成吧台立面。火烤特殊效果极具视觉张力，略深的木色则替空间注入沉稳感，与温暖木素材相反的白铁板是台面主要材质。利用金属元素强调工业风个性，同时也符合使用时的清洁便利性。摄影 © 叶勇宏

200

吧台 | 高约 90 厘米 | 杉木、白铁板

多功能柜台｜高 87 厘米 × 长 486 厘米 × 深 65 厘米｜木作、锈铁

靠窗长台｜高 75 厘米 × 宽 400 厘米 × 深 45 厘米｜木头、铁件

材质｜木贴皮

201

锈铁与木料共谱材质对比

一进门迎面横向展开的多功能吧台，算是店里最主要的功能区域，因为空间不大加上区域租金高昂，在设计上更要精算尺寸。为了呼应凉糕产品的精致与独特，吧台底座采用锈铁与木作贴皮共构，呼应空间主要的铁灰基调，后方的菜单墙搭配抹茶绿与灯光，感觉自然又清爽。摄影 © 叶勇宏

202

回收旧建材再利用

由建筑师主导的店内空间相当注重绿色环保。天花板不做多余包覆，让裸露的钢架在空中展现令人怀念的经典线条。地面使用近几年很受欢迎的水泥粉光工法，并在靠窗的区域搭配旧建材回收再利用的木地板铺设，可以适度区隔动线，也让空间增加层次变化。摄影 © 叶勇宏

203

加入亮面材质降低沉重感

吧柜整个采用深色木贴皮感觉过于沉重，因此中间加入亮面质感材质，利用亮面反射特性降低沉重感。选用黑色系则是为了和空间整体色系搭配，虽和厨房紧邻但考虑吧台有结账、制作饮料等功能，厨房出餐安排在侧墙位置，避免吧台区和出餐动线重叠而过于拥挤。摄影 © 叶勇宏

204

材质 | 文化砖

204
轻浅配色打造轻巧吧台区

除了制作饮料外，还需有煎烤松饼的位置，因此将多种功能整合在吧台后。吧台宽度几乎等同于空间面宽，体积过大选用深色系容易显得沉重，因此以浅木色拼贴吧台立面。背墙则搭配白色文化砖，利用浅色搭配提升吧台区的轻盈感，让体积过大的吧台不至于有压迫感。摄影 © 叶勇宏

205
木框将吧台独立成个人小角落

以杉木打造一个大型木框框住落地窗位置，形成画框效果，也成功引导店里客人视线望向细心设计造景的小庭院，从而感受到都市里难得的绿意闲适。另外在此区增设吧台座位，与座位区有明显区隔，很适合一人悠闲地享受阳光和咖啡。摄影 © 叶勇宏

205

材质 | 杉木

多功能柜台 | 高 125 厘米 × 宽 523 厘米 × 深 65 厘米 | 木作刷漆

材质 | 老木

206+207

留住时间的痕迹与味道

店主不仅每日新鲜手作各式餐点，非常多才多艺，而且店里的吧台、桌椅，多半都是他发挥木工专长，花时间亲手打造的。其中配合动线转折特制的吧台，涵盖工作区、外带区、冷藏柜、收银台等功能，同时可以清楚掌握店内所有动静。吧台外观也同样遍布时间的痕迹，旧得很有味道。摄影 © 叶勇宏

208

多彩拼贴怀旧复古风味

入口处的吧台不只是工作区，同时也是空间里重要的视觉焦点之一。大量选用带有颜色的老木拼贴成吧台，并采用凹凸错开拼贴方式，让平面素材变得更立体。安排在台面下的间接灯光，让视线聚焦同时也形塑料理区的温暖氛围。

摄影 © 叶勇宏

209

209+210
以台湾当地"古早杂货店"作为空间主题

虽然主要贩售商品是时髦的巧克力，不过店家与设计师脑力激荡的结果，决定以台湾当地的"古早杂货店"作为空间主题，包括背景墙上几何木格子堆叠的展示区、冷藏柜里的缤纷巧克力，以及入口附近以弹珠台联想的端景墙面等等，都充满怀旧"柑仔店"的欢乐气息。摄影 © 叶勇宏

210

柜台 | 高 120 厘米 × 长 340 厘米 × 深 70 厘米
高吧 | 高 106 厘米 × 长 184 厘米 × 深 16 厘米 | 木作

211

材质｜木作、瓷砖

212

吧台｜长 385 厘米 × 高 125 厘米｜实木、铁件

213

材质｜木、铁件

211

令人印象深刻的白色瓷砖吧台

整齐贴满白色瓷砖的吧台成为空间抢眼特色，与斑驳水泥墙面形成强烈的对比。搭配金属水管制成的桌灯，自然而然传递出一种新时代的怀旧氛围。较低的桌面打破一般吧台印象，打造出不被打扰的独享座区。为了展现专业咖啡机而刻意降低吧台中央高度，更凸显咖啡馆的自我风格。摄影 © 叶勇宏

212

以吧台围塑集中工作动线

以咖啡烘焙工作室为概念的店面，最主要的工作场所集中在吧台区，从烘焙、冲泡到招待客人，都在同一条动线上。吧台部分台面运用铁件包覆，暗示接待、收银的区域。整体吧台选用实木制作，外观选择多节眼的实木，呈现丰富层次。内部工作区则采用朴素的表面，展现干净利落的风格。摄影 © 叶勇宏

213

坐在吧台享受慵懒心情

吧台刚好横跨墙与落地窗，客人可随心情喜好选择面墙或者面窗而坐。材质选用老木与铁件，家具也选择有锈感的工业风家具，利用金属与手感材质形塑轻调工业风。图片提供 © 就是爱开餐厅

多功能柜台｜高 85 厘米 × 宽 390 厘米 × 深 65 厘米｜木作贴皮

214

清爽木质流露白桦林的清新

两位年轻女孩远赴法国拜师学艺，学成回来后一起经营的"稻町森"法式甜品铺，在当地传统街区内算是很新颖的消费选择。多款每天现作的法式糕点不仅外形漂亮，口感也相当好。店内空间以白色系为主，搭配浅木色的柜台，整体感相当明亮舒服。摄影 © 叶勇宏

215

方便工作兼具展示效果

客人进来第一眼就会看到白色吧台，因此将面向入口这面安排成糕点展示区，利用清透玻璃阻隔灰尘，减少工作人员开合盖子次数又能清楚展示。较长一面是饮料制作区，与服务客人选用糕点的动线不重叠，让店员再忙也能顺畅完成各自的工作。摄影 © 叶勇宏

材质｜线板、玻璃

216

材质 | 水泥、木

216

吧台斜切设计解决空间局促感

空间面宽不够又太过深长，考虑到招呼客人与注意客人动态的方便性，将吧台移至长形空间中段位置，利用斜切设计做出变化空间，又能借此淡化狭隘感。吧台的老旧木料及斑驳漆面手感，正呼应空间里浓浓的二手复古感工业风。

摄影 © 叶勇宏

217

吧台位于一楼，保留二楼座位区完整

为避免有过多大变动，选择将吧台安排在一楼，方便接待进门的客人，二楼也因此能保留完整的空间。吧台材质若太过华丽，和老房子原本调性会不搭，因此采用水泥、木等材质，让其自然融入老屋的质朴个性。图片提供 © 就爱开餐厅

217

材质 | 旧木

218

材质｜H 型钢、水泥粉光

218
粗犷造型成为空间吸睛点

L 形吧台以 H 型钢和老木料拼组而成，粗犷极具个性的外形立刻成为空间里最受瞩目的焦点。吧台上方另外吊了四盏工业吊灯，除了考虑到工作时所需的光线外，吊灯的外形以及黄色光源，为空间注入了更多丰富的元素。摄影 © 叶勇宏

219
简单质朴材质呼应极简设计

以特殊漆料打造成与水泥地面相衬的吧台外形。由于吧台为主要展示产品空间，在光源的设计上也特别讲究，除了以钨丝灯泡及玻璃砖打造出专属灯饰外，还在下方安排间接光源，让立面因此更为丰富及多层次，也借此营造轻盈感。图片提供 © 隐巷设计

219

材质｜水泥漆、钨丝灯泡、玻璃砖

220

220
玻璃＋铁件打造的轻盈穿透感

一进门右侧设置柜台区，利用折叠的玻璃门，界定工作人员的进出动线。接着选用空心砖堆叠打造收银台基座，不多修饰地展现材质最粗犷、自然的风貌。在收银台与最内侧的饮料吧台之间，建筑师选用金属水管，一节节拼出一座手作风味浓厚的展示柜，同时也保持了视觉的穿透。摄影©叶勇宏

221
植栽设计成为美好窗景

大面落地窗设计，不仅是为了改善采光问题，也是希望能营造明亮、清新的印象。在窗前设计吧台座位，增加座位的同时也希望坐在此区的客人，能借此欣赏户外街景。另外在窗户上方安排植栽，不仅美化了室内空间，从户外看进来，也丰富了落地窗元素，构成了一幅美好景色。摄影©叶勇宏

221

水管格柜 | 长45厘米 × 宽45厘米 × 高260厘米 | 金属水管

第3章
座位区设计

坐得舒服
客人才能留得住

依据不同业种、空间大小，而有不同桌数与人数的需求。位子的安排除了考量空间效率、来客数外，应将舒适度也一并考虑进去，避免因座位安排过多或过少，失去舒适度或可接待的来客数。

家具

222
家具风格随空间设计走最安全

最安全的家具风格当然是跟着室内风格走，同类型的设计有强化风格的效果。但是，对比的风格搭配也可以创造强烈反差与个性感。其实还是要看餐厅想要吸引什么样的客人，若是一般餐厅则选择朴实的现成家具即可。

摄影 _ 叶勇宏

摄影 _ 叶勇宏

223
家具尺寸取决于餐厅风格定位

面积虽然也是需要考虑的因素，但最重要的还是餐厅的定位。高级餐厅在家具选择上会相当考究尺寸与舒适度；而价位较低廉的餐厅则应考虑翻桌率，若是座位太舒服反而会让客人坐太久，不利于快速翻桌。此外，预算有限者建议不要花太多钱在装潢上，可将钱花在可以带走的家具上。

图片提供 _Design Butik 集品文创

图片提供 _Design Butik 集品文创

224
圆桌？方桌？影响并桌方便性

桌子形状对于空间分配并无绝对的影响，但若考虑到客人会有并桌的需求，则以方桌最适合。如两张两人座的方桌很容易并桌为四人座，但若为圆桌的话就较不方便。另外提醒预算少的业者可以把贵的桌椅放在门面，而内部则可选择较便宜的家具，这样较可顾及餐厅的档次。

尺寸

225
座位间距以不打扰邻座为准

餐厅座位多寡与经营成效有绝对关系。放上较多座位可以吸纳更多客人量，但是过度追求容纳量也会让座位太拥挤，导致用餐气氛与品质降低。一般座位与座位之间最好有 135 厘米以上的距离，以避免起身动作打扰到邻座。

摄影 _叶勇宏

摄影 _ 叶勇宏

摄影 _ Yvonne

226

走道宽度应考虑上餐等大动作

走道除了提供顾客移动的路线，同时也要能满足服务人员送餐、上餐等动作的行走需求。因此，为了安全起见，走道与座位之间的距离需要给予更大尺度，最好能保留 150 厘米宽，最低也不能少于 135 厘米。

227

可依每 3 平方米一人座规划出座位数

每一类型的餐厅对于座位大小的需求不尽相同，经营者需要先考虑自己想要营造的风格与气氛再决定座位数量。但若以一般餐厅的基本规划，可先将总面积扣除如厨房、吧台等功能空间后，大约以一人座位需要 3 平方米空间的计算方式，来决定空间的座位数。

摄影_叶勇宏

座位配置

228
依想看见的风景来规划座位区

如何配置座位区呢？除了依据餐厅面积决定出适合的座位数外，更重要的是位置该如何安排。其中一大原则就是依据想让客人看见的风景，例如希望能望见造型光鲜的吧台区、赏心的窗景庭园，或是主题性的装饰墙、艺术装置等，来安排位置。当每个座位区都能有这些为客人设定的专属风景时，最好的用餐气氛自然就营造出来了。

摄影_Amily

摄影_叶勇宏

229
利用高低差创造不同视野

座位区的设计除了可依据周围环境来安排外，还可以利用高低差来创造不同的视野感受。例如高吧台区、餐桌区与沙发区，通过家具的高度就可以呈现出更多层次的观点与不同感觉。另外，也可以利用地板的高低差进行设计，如将某区块的地板架高，再摆放造型感较强的桌椅，以营造不同氛围的用餐区。若店内要举办活动，还可以将该区域的桌椅撤掉改作舞台区，相当方便。

摄影_叶勇宏

图片提供 _ 直学设计

230
动线设计得宜可疏散客潮
所谓客人行走动线就是把客人直接引导向座位区的空间动线，规划上只需注意顺畅度。对于两层的空间，为避免客人都挤在一楼，可将洗手间规划到二楼或地下室，以疏散部分人潮。

摄影 _ 李秋仁

231
服务生上菜动线应注意流畅度
餐厅外场最好规划有主动线，注意主动线应比一般走道稍稍放宽尺度，其他动线则可作树枝状规划，而服务生上菜主要按主动线行走以减少碰撞机会。另外，上菜流程不只有服务生端上桌，需将厨房出餐台的顺畅度也一起考虑。

摄影 _ 叶勇宏

232
餐厅动线规划宜采用树枝状发展
所谓树枝状的动线规划，简单地说就是将用餐区的所有动线分层级做出主副动线，主动线需便利通达各区域，各分区内再依座位分布安排次动线与末梢动线。主动线最宽且长，建议有150厘米以上宽度，各区内的次动线宽则为150~135厘米，末梢动线及座位周边，也不应低于120厘米。此外，服务人员平日要训练熟悉送餐动线，以保持流畅性及不妨碍客人，并避免过多曲折。

图片提供 _ 直学设计

233

内场动线需做明显区隔

餐厅大致分为厨房内场（作业区）与外场座位区，除了外场的动线要演练设计外，为了避免客人误闯内场，应特别将内场出入的动线与客人动线明显区隔。若无法作分流，也必须设立门档，并在门上以显著标语提醒禁止进入。另外，洗手间的动线也要清楚标示，才能避免客人因找洗手间误闯内场，造成不必要的麻烦。

摄影 _ 叶勇宏

摄影 _ 叶勇宏

234

进货动线最好避开客人用餐区

餐厅经营还会有厨房进货、各种物资补给，甚至机器设备维修的需求等，而这些内部进货的动线规划应避开客人行走动线，而且要注意动线的宽敞度与平顺，以免货物或大型机器不好出入。

235

补给动线要特别注意宽敞度

传统餐厅多将厨房作业区规划在餐厅后方位置，但有些餐厅强调烹调过程透明化，因此会将作业区移至前段位置，不过仓库或备料区多半还是在后方。为方便厨房人员与物资设备进出，应留有后门做出入动线。对于无后门的空间则只能借用客人动线，但应注意进出货等补给要尽量避开营业高峰时间，同时也要注意补给动线的宽敞度。

236

材质 | 水泥粉光、铁网、旧木箱

236
订制家具传递材料的原始风貌

专卖咖喱饭的野营咖喱，入口以铁网隔屏区分座位区，半穿透设计保留隐私，同时也兼具食材陈列的作用。店内桌子尽可能以原生材料呈现，例如水泥与镀锌钢板合一的桌面，对比材质的碰撞产生趣味的视觉感受，而水泥质地亦有吸水的实质功用。图片提供 © 隐室设计

237
订制桌｜桦木夹板

材质｜马赛克瓷砖

材质｜铁件、木料、水泥粉光

237

以吧台为主轴座区围绕配置

长形空间以供应点心及饮品的吧台为主轴，走道在留下足够的动线宽度后，沿着廊道配置4~6人的座位，后段座区则混合搭配圆桌及方桌，提供较为隐秘的用餐空间。图片提供 © 直学设计

238

复古家具与绿意增添工业风暖度

入口外侧的座位区，以马赛克瓷砖铺设地面，呈现出公园步道意象，整体风格以工业风为主轴。由于咖啡馆同时贩售花艺，空间中也大量融入花束、盆花和绿意造景，让大自然蔓延全室。图片提供 © 郑士杰设计有限公司

239

恰恰好的小清新氛围

既有的老屋建筑面宽很窄，还要再扣除工作吧台的尺度，剩下的就是走道和座位区。所以设计座位时只能尽可能地以二人座的小巧桌椅来维持适合人体工学的尺度。不过，这样的小空间加上精致的开窗设计，很适合营造"小清新"的氛围。图片提供 © 禾方设计

240

灯具 ｜ 室内铸铁管壁灯

240
是水管，还是壁灯呢？

在"乔桌子"店内的墙面上，随处可见家具椅的侧剖面和铸铁管壁灯等装饰，颠覆的画面相当有创意与趣味。其中铸铁管壁灯的创意是受国外的铁管台灯启发，并将之发扬光大转化成大型的壁灯设计，希望借此让空间更具幽默感。图片提供 © 禾方设计

241
软木墙面创造新颖触感

墙面铺贴软木，注入天然纹理与温暖触感，搭配黑色线条交织成的几何图绘，勾勒利落的墙面表情。沿墙安排整排沙发座椅，搭配深色木作餐桌、单椅，点缀少量银色金属，增添一丝时尚工业感。图片提供 © 大砌诚石空间设计有限公司

241

订制餐桌 ｜ 铸铁、木作

242

242

减少座位数营造不压迫的用餐空间

为了满足不同的用餐人群，规划出可弹性调整的座位，合并的 2 人餐桌可容纳 4~6 人的家庭及朋友聚餐，分开餐桌则能提供基本 1~2 人的座位。座位设定数量比空间可容纳的数量少，目的是留出较为宽敞的尺度，以确保空间的舒适度及营造成有学龄前小孩的家庭能推娃娃车进来的友善空间。图片提供 © 潘子皓设计

243

降低高度营造温馨感受

由于侧边有直通其他楼层的外梯，在空间配置上利用梯下的空间进行客座席的安排。为避免墙面带来的压迫感，将两旁的墙面漆成白色，同时塑造黑白对比的工业调性。图片提供 © 睿格设计

243

钢材烧焊圆桌│钢材烤漆

244

订制桌｜桦木夹板

244

规划入口座区凸显主题特色

以椅子为主题的咖啡馆，特别留出座区空间栽种茂密的植物，并搭配特色设计单椅作为门面凸显咖啡馆主题特色，消费者也能有不同的用餐体验。图片提供 © 直学设计

245

咖啡与花的浪漫结合

储房咖啡馆的有趣在于与花艺工作室的结合，因此在花艺区域特别安排两人座位，让喜爱花草的客人能在自然陪伴下度过悠闲的用餐时光。花艺区域刷上黑板漆，由花艺设计师手写每日一语，强化视觉意象。而如同翅膀般的吊灯，喜爱登山的店主人加入了绳结概念做悬挂，让灯具更与众不同。摄影 © Amily

245

材质｜黑板漆

246

订制家具｜实木、铁件

246

适宜桌距，创造慵懒氛围

经过实际经营后，考虑到来客数多为 2~4 位，因此调整座位数量和摆放位置，留出更宽广的走道。宽阔的桌距让客人之间不受打扰，呈现舒适慵懒的空间氛围。而方桌尺度也经过事前反复修改，量身订制而成，不成对的椅子造型，也让空间更显丰富。摄影 © 叶勇宏

247

温暖日光与经典单椅打造人气角落

老房子既有的三角畸零结构，巧妙成为座位区之一。温暖的木质基调，搭配玻璃格子落地窗景及洒落的阳光，在经典微笑椅的衬托之下，毫无疑问成为店内的人气座位首选。一旁墙面大胆运用赭红色做跳色，然而却与木色调极为吻合。摄影 © Amily

247

材质｜夹板染色、油漆、玻璃、梧桐木

248

餐桌 | 实木

248
宽敞间距方便走动

为满足作为员工餐厅的需求，设计师尽可能让座位摆放到最大数。以简单的方格状布置，可随使用需求变更摆设，桌子间距 1.5~1.8 米，降低了服务生与顾客相撞的可能。图片提供 © 禾境室内设计

249
享受纯粹极简木质的温暖

去除多余设计还原空间最原始的单纯样貌，以纯粹的白色为基底，安排大量浅色且造型简约的木质桌椅。简单的空间里，只以多款造型复古吊灯丰富视觉感受。另外加入轨道灯让光源产生更多变化，营造空间层次感。摄影 © Yvonne

249

材质｜超耐磨地板、水泥粉光

250+251
赋予空间多样用途

一入门就可看到一辆复古的摩托车。它不仅是老板心爱收藏的展示，也是作为座位区与大门之间的遮挡，让坐在小桌的客人在心理上能感到安心，不至于被进出的客人打扰。而窗边角落运用书籍、唱片增添文化气息，也是专设的等待候位区，有效地运用了畸零空间。摄影 © 叶勇宏

252
转换地面材质隐喻空间过渡

刻意在空间中沿墙拉出 L 形的工作中岛区，不仅扩大了作业范围，也能随时与客人互动。中央留出方形空间后选择设置一张大长桌，即便来客较多也可容纳。地面施以木地板和水泥粉光，不同材质暗示工作区和座位区的转换，也让空间展现多元面貌。摄影 © 叶勇宏

253

订制家具 | 实木、铁件
老式家具 | 椅子、桌子、沙发

253
配合老屋风格混搭老式家具营造悠闲氛围

主要座位区沿周围墙面配置座位，形成走道动线，让消费者能直觉性地移动。并在光线最好的落地窗角落利用老沙发，营造出有如在家一般的悠闲用餐氛围。图片提供 ©for Farm Burger 田乐

254
地面反差界定空间展现独特性

与 4 人座区相邻的 2 人座，地面界定设计令人为之惊艳。深木色与水泥做出如织毯般的感觉，粗犷中流露细腻的变化，同时也考验设计者对于工艺的了解。左侧墙面则是浅色木板利用香蕉水、钢刷等制造出斑驳效果，看似简单的材料却富含丰富表情。图片提供 © 郑士杰设计有限公司

254

材质 | 水泥粉光、木作

255

夹板大桌 | 夹板、铁件

255

让每位客人找到自己座位

在裸色水泥的工业风餐厅内，搭配有多款造型、大小不尽相同的桌椅，它们都有着图书馆与学生椅的朴实耐用的概念。大桌可以共聚讨论，小圆桌可以独享上网时光，让每位客人都能找到自己的座位。图片提供©reno deco 空间设计

256

球形灯泡营造居家感

业主曾在澳洲看过餐厅使用大量的球形灯泡铺满天花板，因此对球形灯泡深感兴趣。设计师依业主喜好，将球形灯泡以固定间距摆放，加上微微倾斜的天花板，营造温馨宛如居家的"屋中屋"感觉。图片提供©The muds' group 缪德国际创意团队

256

琥珀色造型灯泡

257

订制家具 | 圆桌、4人正方桌、椅子 | 桦木夹板

257
活动桌椅与明亮采光，感受悠闲户外午茶氛围

单面采光的空间利用落地玻璃门，让半户外座位区可以感受到自然光的洒落。桌椅以浅木色和白灰色调呈现，延续空间日式简约的调性，活动式的桌椅设计能依需求灵活调整座位。图片提供 © 直学设计

258
低彩度，不添加的天然感

为了符合天然、手作与不添加的开店精神，在店内空间背景上（如天花板、地板、壁面）皆采用低彩度的背景颜色。而家具的配置则以实木为主，搭配铁灰色的椅子及灯具，在视觉上具有非常棒的聚焦效果，调性也非常一致。图片提供 © 禾方设计

258

材质 | 黑板墙、铁件、实木、水泥粉光

259

丁制台面 | 长 287 厘米 × 宽 55 厘米 × 高 77 厘米 | 实木

259

温润木质营造乡村气息

利用实木沿着烘焙区设置座位桌面，甜点完成后就可直接送达给客人，同时它也可作为烘焙课程的学习台面，近30平方米的店面中创造了舒适不拥挤的空间。另外，采购复古椅后重新更换椅面布料，让旧家具焕发新生，布面的温暖感受，也与乡村气息相呼应。摄影 © 叶勇宏

260

骑楼喝咖啡更香、更放松

在简单色调与近在眼前的绿意树梢陪伴下，窄窄骑楼廊下的擦肩与问候仿佛拉近了人与人之间的距离，更让人感受到人情味。图片提供 © reno deco 空间设计

260

261

材质｜实木、铁件

261

杉木模板墙铺出工业质感

餐厅以谷仓为主题，风格则主打工业风，
因此墙面上运用大量可回收的杉木板模，
搭配灰阶色墙与水泥原色底地板。至于家
具、家饰则选择同样的工业风格桌椅，让
色调与画面更为协调，搭配一桌一灯的规
划，很有聚焦与稳定感。图片提供 © 禾方设计

262

同类材质产生空间呼应性

以业主喜爱的简约铁件单椅与木材桌面组
成的座位区，与室外的铁件框窗呼应。内
部植物墙则与户外植物产生连接，利用具
生命力的植栽，软化略显冰冷的空间氛围。
图片提供 ©The muds' group 缪德国际创意团队

262

类海军椅｜铁
订制桌子｜木材、铁件

263

材质｜水泥粉光、铁件

263

环绕绿意的自然户外座位

超过 15 年的老屋所改造的咖啡馆空间。除了室内座位之外，设计师利用退缩后产生的前院区域，规划出贴近自然的户外座位区。低调的水泥粉光地面，甚至招牌也是设于柱体上，凸显环境的特色，让人有置身公园的美好错觉。图片提供 © 郑士杰设计有限公司

264

开挖楼板创造更多互动

为了给空间更大解放感及互动可能性，设计师把楼板开挖一个大洞，将玻璃外的光线引进室内，使室内更明亮，也让进到这里的每个人都可以享受这个挑空的开阔空间。上下楼层因此也有了互动，用餐时也能体验更棒的视觉、嗅觉及味觉感受。图片提供 © 禾方设计

264

材质｜实木、铁件、木料、红砖、水泥粉光

材质 ｜ 水泥粉光、木地板、木料

265
老宅新格局，空间更友善

这是一栋由 40 年老房子改造的多元经营餐厅，室内除结构以外，几乎全部隔间都重新改动设计过，甚至将户外吧台的架高木地板延伸入室内，一来可以隐藏管线，同时也提示动线。此外，重新改建的新格局不仅更开阔、有层次感，也更友善。图片提供 © 禾方设计

266
高度层次转换营造空间放松与流动感

喜欢美式粗犷自由的空间风格，除了以家具呈现风格语汇外，也借由不同座位安排创造空间的随兴自由。落地窗吧台座位适合一人独享时光；降低了座椅高度的座位区，能让顾客更轻松自在品尝咖啡；一般座位区则是给来吃饭、工作的客人。高低不一的视觉角度让空间产生层次变化，也让客人行进线更具流动感。摄影 ©Yvonne

材质 ｜ 栈板、玻璃

267

材质｜超耐磨地板｜家具｜复古北欧家具

267
落地窗下的慵懒沙发区

落地窗视野良好，也有大面积光线进入，因此特地设置沙发区，让此处的客人能够随兴坐卧，呈现慵懒舒适的调性。草绿色的复古北欧家具呼应户外绿意，原始的木质素材搭配木质地板，展露自然清新的空间感受。摄影 © 叶勇宏

268
舒适沙发区给人宾至如归的感受

希望咖啡馆能给人像家一样的亲切感，除了在材质上大量使用温暖的木质外，还在采光最好、临近落地窗的地方规划一处有如客厅的沙发区。两张双人座复古沙发，增添了空间特色，也让坐在此区的人像回到家一样放松无压。图片提供 © 虫点子创意设计＋室内设计工作室

268

材质｜实木框架、仿皮

269

以地区消费族群安排座区形式

咖啡馆消费者以学生及当地居民为主，座位区即以满足多种形式的消费族群来设计。吧台区可接待独自前来品味咖啡的人，高脚 2 人座区及 3~4 人座区则适合附近居民三五好友聊天。利用架高地面划分出各座区，提供开放而独立的聚会场所。图片提供 © 虫点子创意设计 + 室内设计工作室

270

微工业佐以英式复古的轻摇滚

墙面洋溢维多利亚风情的蓝色，释放淡雅的复古美感。靠墙一座大型金属格柜，展示的内容从作为食材的洋葱、南瓜，到书籍、阿妈的古董皮箱等，琳琅满目。墙上还有各地的经典地标框画点缀，人文混搭的风情相当有特色。摄影 © 叶勇宏

订制家具｜实木、铁件

金属格框｜高 271 厘米 × 宽 240 厘米 × 深 40 厘米｜木头、金属

271

材质｜水泥粉光
家具｜二手或老件｜订制家具｜木、铁件

271

适当座位数保留空间开阔感

一开始即希望保留空间的开阔感，因此在面向公园处以两片落地窗让空间向外延伸强调宽阔感受。为了不过于拥挤，座位按四人与双人座摆放，方便店家随时做调整，满足不同形态客人需求。除了少数订制的木桌，桌椅多是二手或老件，随兴不成套互相搭配，非但不显混乱，反而增添趣味与视觉变化。摄影 © 叶勇宏

272

简单材质打造手感乡村风

座位区将店面美耐板应用手法运用于腰墙，另外拼上木夹板，形成一面手感乡村风主题墙。由于空间狭长，因此另一面墙维持简单墙色，只以画框、干燥花适度点缀。而来自复古灯具的微黄光源成功淡化了水泥的冷硬感，为空间注入暖意。摄影 © Yvonne

272

材质｜木夹板、美耐板、护木油

273

材质 | 人造石

273

白色调中舞动缤纷色彩

大面白墙加入流线设计，营造宛如酸奶般的白色柔滑感，并点缀彩色水果图案设计，搭配内嵌间接灯光，让缤纷色彩在白色基调中舞动。同时架高深色木地板界定出座位区，形成独立但不失通畅感的格局规划。图片提供 © 十分之一设计

274

开放格局兼顾后端采光

座位呈开放格局，兼顾后端采光，使整体视野更开阔，增加店内互动性。同时在墙面加入简单线条与不规则状的层板，经由精密的载重测试后，以组装方式安置于墙，打造出功能、美感兼具的几何装饰。图片提供 © 天空元素视觉空间设计所

274

订制家具 | 餐桌钢角＋人造石、餐椅合成塑胶

家具｜塑料

家具｜宜家

材质｜铁件

275
简化座区范围，着重柜台及作业区域

整体空间面积大约只有30平方米，设计师以作业区及柜台为首要规划区域，再将其余空间分配给座位区使用。少量的座位数呈现安静不嘈杂的空间感，特别搭配圆弧形的桌椅，柔化方块图形的空间装饰。另外考虑到进出动线及点餐人潮，留出足够宽度的进出走道。图片提供 © 逸乔设计

276
事先设定座位方向与视野

黑色是原本空间主色调，但为了强调这空间的动态，选择将货柜吧台区漆上略带一点黑的明黄色，传递活泼的动态感。至于座位区规划上，设计者已事先把视觉设定好，从各个座位方向作思考，从希望消费者会"看到什么"，再决定桌椅的陈设。图片提供 © 禾方设计

277
融入商品展示强化职人角色

以烘豆职人作为定位的咖啡馆，除了提供少数座位，外带更是主要客群。设计师在木质吧台前另辟简便座位，提供外带客人稍作歇息之处。同时规划墙面展示架，提供冲泡壶、挂耳包等产品贩售。而层架最底部则是以麻布盛装新鲜烘焙好的豆子，强化品牌的整体感。图片提供 © 力口建筑

278

壁挂展示层架｜木作、喷漆｜宽 550 厘米 × 深 40 厘米

278
老海报与清酒瓶洋溢怀旧风情

设计师在地面铺上柔和的木纹地板，好衬托深色木头桌椅的古旧感。昏黄灯光映照在白墙上的老海报，无形间唤醒了许多人的共同回忆。店里满满的昭和风情有种迷人的吸引力，而墙面展示架上的众多的酒瓶，也是为空间调味的物件之一。图片提供 © 游雅清设计

279
以桌子大小区隔座位

由于空间格局方正，整体空间以桌子种类一分为二，分为长桌区与短桌区。走道预留 100 厘米的宽度，方便两位服务生可过身，也让空间视觉感不过于狭窄。图片提供 ©The muds' group 缪德国际创意团队

279

材质｜砖、白色漆料

280

材质 | 实木、铁件、木料、红砖、水泥粉光

280
如小酒馆般的明暗对比

为了让消费者更能体验空间独特氛围，餐区座位分成方桌区和圆桌区，且在不同区域之间以灯光营造出明亮与昏暗对比，希望借此让消费者感受道地德国小酒馆的氛围。图片提供 © 禾方设计

281
巧克力调的浓郁质感

小面积的店内空间专门贩售巧克力，利用砖造壁纸铺陈墙面，营造复古质感。并在墙面装置木头层板架，于上头陈列造型饰品，搭配晕黄灯光注入异国风情。地板则以木纹塑胶地板铺陈，整体呈现巧克力般的浓郁色彩。图片提供 © 芽米空间设计

281

材质 | 木料

材质 | 水泥、白色漆料

282
宽敞间距方便走动

虽然空间不大，但设计师对于座位间隔与走道宽度仍相当重视，预留 160~170 厘米的宽度，不仅便于顾客走动，也能降低服务生送餐时不慎撞伤的风险。
图片提供 © 睿格设计

283
木柱白墙交织的古朴时间感

由老旧街屋改造而成的日式食堂，带着庶民最爱的居酒屋浪漫情调。设计师为了让空间更有随兴、温暖的感觉，特地将天花板喷黑，让所有管线、横梁隐入如夜幕般的背景当中，配合灯光与深色餐桌椅，营造一种昏黄且慵懒的故事性。图片提供 © 游雅清设计

餐桌 | 木 | 长 60 厘米 × 宽 50 厘米 × 高 80 厘米

284

材质 | 红砖、黑板墙

284
开放厨房的自由飨宴

希望店内能有开放式厨房的效果，也想提供用餐者更多不同的用餐感受，特别打造一张可多人共桌的大餐桌，搭配多盏吊灯以展现趣味。另外，吧台下也安排有点亮气氛的灯光。至于桌面上的水龙头与厨房设备则提升了开放厨房的方便性。图片提供 © 禾方设计

285
沙发区糅合粗犷与温润

沙发区采用杉木订制方桌，运用充满仿旧感的质材纹理及色调，营造古朴风情。后方墙面则铺设大面积粗犷铁件，还可见到具锈蚀感的管线设计。将刚硬建材糅合温暖的木质软件，塑造出独树一帜的放松情调。

图片提供 © 大砌诚石空间设计有限公司

285

订制桌 | 杉木、铁件
沙发 | 沙发超纤皮

286
订制家具 | 钢角、人造石、合成塑胶

287
工作台 | 银狐大理石 | 长 666 厘米 × 宽 72 厘米
吧台 | 长 350 厘米 × 宽 24 厘米

286

鲜艳色彩拟造未来氛围

以饱和的橘、黄、白色做交替变换，营造大胆鲜艳的空间调性。且在座位旁墙面融入绿色 LED 灯设计，在简约空间中加入光源效果，且光源可由中央控制，让整体跳脱制式餐厅规划，多了几分未来感。
图片提供 © 天空元素视觉空间设计所

287

墙面层板融入包装旨趣

店内一侧为工作吧台，另一侧则设置三席吧台座椅、六席立食区，形成分明利落的轴线动向。座位区将层板嵌墙，上下面贴栓木漆白，侧边采用烤黄漆，立食区则结合了展示概念，打造宛如包装盒向外翻开的视觉趣味。图片提供 ©JCA 柏成设计

288

材质｜旧木料、线板、混凝土

288
旧木料打造孩子专属游戏室

入口处规划为八人大桌，墙面延续外观设计，直接以模板混凝土墙面表现出未完成的粗犷感，并运用线板做出画框般的趣味效果。有趣的是一旁以回收旧木料特别辟出小孩游戏室，正好消弭空间的不规则结构。两面隔间都分别开设小窗口，让爸妈能随时注意孩子的状况。图片提供 © 隐室设计

289
实木桌椅增添自然风情

讲求天然、原始的餐厅，在家具的材质上也不马虎。以实木作为主要素材，细致纹路提升了清爽质感，也能符合餐厅推广天然食材的理念。图片提供 © 禾境室内设计

289

实木餐桌椅｜实木

290

灯光家具打造异国风情

室内气氛宛如欧洲小餐馆，充满浓浓的异国情调。在座位区旁配置吧台、半开放式厨房等，增添空间的互动性。此外，配置柔和的黄光，搭配深色木质桌椅，于墙面、结构柱等处装点渔网等航海元素，呈现海洋气息。图片提供 © 大砌诚石空间设计有限公司

291

享受悠闲的咖啡香

空气中弥漫着浓郁咖啡香，与店内怀旧的日式风情，交织出独特的异国情调。大量木质组构的空间，使用特殊涂料勾勒白墙的丰富肌理。左侧的长吧台亦是多功能的作业区，台面下内建的灯光设计，则赋予视觉生动的光带效果。图片提供 © 好蕴设计

订制餐桌椅 | 柳桉木

长吧台 | 木作贴皮、特殊矿物涂料 |
高 650 厘米 × 宽 112 厘米 × 深 20 厘米

草绿油漆 | 电脑调色漆

材质 | 咖啡色茶镜玻璃

材质 | 水泥粉光、木地板、木料 、壁贴

292
清爽绿色点缀空间

要让空间呈现清爽质感，白墙、采光、木质素材是缺一不可的。此外，更重要的是绿意的引进，除了利用开窗延揽户外绿景之外，设计师在空间里也使用大量的清爽草绿，搭配木材质，让人有置身原野的感受。图片提供 © 禾境室内设计

293
茶镜增添视觉穿透感

在近 30 平方米的小空间内，设计师使用大面积的咖啡色茶镜做装饰，呼应空间色系。镜面反射也能增添空间宽广度，让小空间能有宽敞感。图片提供 © 睿格设计

294
用老空间景物来说故事

将原有楼梯拆除，设计成一楼的挑高处，再以室外旋转梯来串联楼层。这样可以增加一楼室内的使用空间，也让通往二楼的动线区隔出来。在挑高处倒吊的树枝是原先种在后院的紫藤树，但在移植的过程中死了，为了纪念这棵老树，于是用了幽默的手法将它保存在空间里。图片提供 © 禾方设计

295

材质 | 水泥粉光、木地板、木料　、壁贴

295

与客人共创的文艺空间

店家除了擅长利用内外空间的互动，以及借由家具层次来营造空间气氛外，也经常会在店内举办各种文艺活动，借以拉近与消费者间的距离与关系，例如墙面上大型艺术玛丽莲·梦露的便利贴壁画就是店内的活动成果之一。图片提供 ◎ 禾方设计

296

靠墙安排强调座位隐秘性

将二至四个人座位区安排在较深处的靠墙位置，提供客人较为隐秘的座位选择。桌距刻意拉大，即便坐满客人也能互不干扰，并保有一定的隐私与宁静。桌椅选择具工业风调性款式，以深木色让空间更为沉稳、内敛。摄影 ◎Yvonne

296

材质 | 水泥

材质 | 南方松实木、铁件

材质 | 漆料、胡桃木

材质 | 红砖、铁丝玻璃

297

运用挑高空间创造座区层次变化

小店空间虽然不大，却有舒服的挑高天花板。在保留足够的走道位置后，简单地配置座位，并运用空间高度规划独立座位区，创造空间的变化与层次。桌椅也依照尺寸需求订制，或者利用回收的海运箱制成，使空间充满随兴自然的氛围。摄影©Amily

298

原木家具软化空间冰冷调性

拥有最好光线的座位区，以单人座椅搭配长条形座椅，长条座椅下方不仅可遮掩杂乱的电源线，同时也借此让出更多空间给走道。整体空间多以材质原貌呈现，因此选择木质家具，让木素材的温润质感温暖过于冷调的空间。摄影©Amily

299

裸砖、镀锌管打造工业氛围

卡那达咖啡空间为特殊的 U 字形动线，设计师将原始挑高停车场重新规划为独立的吸烟区座位。延续轻工业风格，墙面是刻意敲打而成的砖墙，不过为了与常见的红砖有所区别，特别以水泥漆做不均匀上色，降低红砖的色彩。搭配上工业风必备的镀锌管与吊灯，一张黑白挂画，空间氛围立刻呈现。图片提供©隐室设计

300

阳光花房里享用美味餐点

储房咖啡馆所承租的老屋原有一处后阳台空间，店主人巧妙将原有铁件晒衣架改为水平方向，变为实用的干燥花制作区。搭配玻璃窗景的设计，纯净的白墙成为背景，让人产生宛如置身日光花房般的美好错觉。而上端分割的三面小窗规划，则有助长形老屋的空气对流。摄影 © Amily

301

手作组合概念联结野营主题

咖喱小店将座位区分成左右两侧，左侧以长凳做主要配置，方便并桌。既然是餐饮空间，食物才是主角，因此在灯具的挑选上以简单造型、色调为主，地面也选择单纯的水泥粉光。在八人桌的上方，设计师特别利用角材与固定绳打造一台长形吊灯，手作、组合的概念与店内野营精神相互呼应。图片提供 © 隐室设计

300

材质 | 水泥粉光、木作、油漆、玻璃

301

材质 | 水泥粉光、角材

材质｜蛇纹石、刷漆

材质｜铁件、水泥粉光
家具｜日本学校椅

302+303
可随意拼组的学校桌椅

呼应以黑色为主要配色的空间，将原本原木色的桌椅一并漆成黑色，并随时可互并或拆开，让座位数可依客人数随时弹性变化。以铁件框出的落地玻璃，有如画框框住户外景致，引入户外绿意，营造视觉趣味。摄影© 叶勇宏

304
蛇纹石配红砖营造复古温馨

座位区约有 35 席，桌与桌之间预留 65 厘米宽，给予宽敞舒适的感觉。同时室内天花板、墙面撷取户外绿意的绿色调作为铺陈，拆完塑胶地砖后发现的台湾蛇纹大理石也给予保留。桌椅则搭配温润的木头材质，整体呈现复古怀旧且温暖的氛围。图片提供© 力口建筑

305

类海军椅｜铁件
订制桌｜木材、铁件

305

斑驳墙面营造复古风情

保留原始砖墙痕迹，再重新刷上白漆，搭配以水泥粉光架构出极简空间。另外利用木质、铁件家具，作点缀营造亮点，从而形塑出层次分明的质感空间。
图片提供 © The muds' group 缪德国际创意团队

306

建材色彩演绎乡村乐章

在墙面涂上鲜艳绿色，使店内空间产生放大感，佐以浅色木质与天然石材、保留天花板的铁皮屋顶，让餐厅更添乡村质感。座位区则陈列简约的木质餐桌椅，采用恰到好处的桌距规划，营造温馨但有独立性的用餐氛围。图片提供 © 芽米空间设计

306

餐桌椅｜木作

307

材质｜水泥粉光、超耐磨地板

308

材质｜夹板染色、油漆

309

材质｜橡木

307

温暖明亮的轻工业风

在装修成本与风格氛围的衡量之下，"咖啡熊"店主人决定以轻工业风作为空间主轴。未经修饰的水泥粉光墙面，其实也是考虑日后会加入手绘四格漫画的品牌故事作为装饰，借此强化客人对品牌的深刻印象。由于咖啡熊主要为外带咖啡，所以在座位的安排上，店主人特别倚墙而设，释放出走道空间，让客人能以最直接、舒适的动线进入吧台点餐。摄影©Amily

308

特色单椅化身空间主角

隐身在店内一角的座位区，地面延续夹板染色铺陈。因店主人喜爱木头的元素，墙面除了运用梧桐木作拼贴，一旁的长凳更是选用漂流木。座椅则是特意选搭不同款式单椅，让家具成为咖啡馆的最佳主角。摄影©Amily

309

共桌概念拉近客人距离

考虑附近为上班族区域，时常有开会需要或者独自一人工作的情形，因此安排大长桌，除了适合人数较多的团体外，也融入国外共桌概念，让一个或者两个的客人，在不需要并桌的情况下，也能轻松自在与其他人共桌。摄影©Yvonne

310

材质｜文化砖、黑板漆

310

顺应空间特性打造专属座位

利用砖墙与黑板墙，将较深处的空间与其他座位区做出区隔，营造成私密角落空间，提供三五好友谈心或者举办小型聚会，安排温暖的黄色光源淡化原本的阴暗感。考虑团客人数，除了设单人座椅外，还以较具弹性的双人沙发取代单椅。不同款式家具让空间不呈单一，也能解决座位不足的困扰。摄影 ©Amily

311

草绿色砖墙呈现自然人文感

考虑老房子的特殊格局动线，储房咖啡馆后端隐藏着开放却又具隐私的座位区。右侧墙面为新砌厨房隔间，直接运用象征大自然的草绿色刷饰，保留砖的质感也带出丰富的视觉效果。其余墙面则多以留白处理，搭配不定期的各式展览陈设，展现些许人文艺术的空间调性。摄影 ©Amily

311

材质｜砖、油漆

材质 | 夹板染色、油漆、梧桐木

材质 | 木地板、大理石

材质 | 实木、铁件

312

多元家具满足不同消费客群

座位安排上，利用各种经典复刻版的单椅混搭平价家具，椅背式或是椅凳款式穿插其中，且它们之间高度略有差异，创造不同的使用功能。每隔一段时间，甚至会调整所有家具摆放位置，让店内空间拥有新的面貌与新鲜感。摄影 ©Amily

313

大理石、人字拼地板打造美式工业风

以生熟食杂货为卖点，每天限量供应主厨料理，然而熟食并非店铺主诉求，也因此在长形空间内仅配置四张小圆桌。大理石桌为店主人利用另一家经营的意大利餐馆淘汰的材料予以改造，加上铸铁桌脚、铁框包覆桌面增加其稳固性。而餐椅则特别选用黑白黄三色，让空间层次更为丰富有趣，搭配人字形拼木地板设计，呈现出有如美式小餐馆的气氛。摄影 ©Amily

314

根据人力状况配置适当座位数量

由于空间又窄又长，加上只有一人经营整间店，考虑到人力及动线，因此只配置大约20个座位。餐桌以直横混合摆放的方式，让空间看起来不会过于呆板。摄影 ©Amily

315

315

降低座位高度营造放松感

过窄的长形空间，座位安排上难免产生难以处理的畸零角落。因此在零星空间安排两人座位，利用低矮的沙发降低高度，营造此区慵懒、放松感，再搭配具沉稳特征的绿色墙面，将原本难利用的空间，营造成可以让人放松的安静角落。摄影©Amily

316

北欧家具让轻工业更有人味

以轻工业为主轴的卡那达咖啡，空间结构在工业风的概念之下，敲打出模板天花板、水泥粉光地面。然而在家具的配置上，则以大量北欧座椅与二手老物件为主，调和工业风予人的冷调，让空间自然增添了温暖与人性味。图片提供 © 隐室设计

316

材质 | 红砖、铁丝玻璃

材质 | 水泥粉光、木作、油漆

材质 | 水泥粉光

317

铁丝玻璃隔间既通透又有各自风格

另外划设的独立吸烟区，利用铁丝玻璃和镀锌框架区隔。色调上与水泥灰调十分和谐，同时也带出工业风的调性，玻璃隔间的选用亦能产生通透的视觉效果。同时大量运用不同吊灯，为每一区带出个性与温度。图片提供 © 隐室设计

318

保留老屋面貌打造自然清新风格

刻意保留老屋原始裸天花板的样子，局部地面因局部隔间的拆除，因此改为水泥粉光做法，搭配传统的水磨石地面极为协调，同样具有原始朴质的氛围。座位区家具以木头材质为主，与自然主题产生联结。订制的大尺寸座椅，就是要让客人有如置身户外般的自在舒适。摄影 ©Amily

319

简约框架与色调打造艺廊范儿

考虑到咖啡馆空间结构与面积的关系，除了窗边的吧台座位外，不以二人或四人为安排，而是选用八人大桌作规划，亦有带入共享概念的用心。两侧座椅虽为不同调性，然而造型相似，色调也从整体空间作延伸，搭配简约的黑白框架背景、水泥粉光地面，散发出宛如艺廊般的人文气息。图片提供 © 隐室设计

订制椅 ｜ 钢板 ｜ 0.3厘米 ｜ 绿色裱布坐垫
木长条椅 ｜ 厚皮钢刷橡木

320

极简家具，打造宽敞明亮空间印象

考量空间使用面积与整体空间感，因此先以深灰色地面与浅灰色墙面打底，营造出沉稳明亮的餐饮空间。座位安排则在舒适的前提下，采用薄型钢板并舍弃椅背的极简设计，借此节省空间、满足预期中的座位数，又能维持空间的宽敞与轻盈感。图片提供© 贺泽设计

321

粗犷风格展现餐厅主题调性

座区刻意不配置太多座位，希望给消费者宽敞舒服的用餐环境。厚实的木质餐桌灵活搭配不同餐椅，加上临窗的沙发区，营造出新奥尔良风格餐厅的随兴自在。摄影©Yvonne

材质 ｜ 实木、铁件

322

家具│加工厂

323

324

家具│沙发、桌椅

322
不成对家具塑造空间层次

喜爱旧家具的店主，刻意选择不同款式的复古桌椅，并运用不同色系的桌垫和配饰，让空间不显单调。其中蓝橘对比的复古铁椅，为一片木质调性的空间增添色彩，成为视觉焦点。摄影 © 叶勇宏

323+324
打造如家中的闲适角落

店主希望有一个能对外开放的地方，因此规划以玻璃为隔间的半对外开放空间。考虑到向外视线不被阻隔，因此内部桌子的高度都较低，并运用沙发单椅或布椅打造宛如居家的空间氛围。摄影 © 叶勇宏

325

订制家具｜实木

325
穿插搭配不同样式餐桌椅丰富空间表情

为了避免过于统一的餐桌椅安排，使餐厅看起来像呆板严肃的食堂，因此穿插搭配不同造型样式的餐桌椅，配合墙面的旧木料与原有屋梁，创造怀旧的角落风景。图片提供©for Farm Burger 田乐

326
包厢吧台揽进城市风景

沿靠窗区规划整排吧台座位，采用加大窗户尺寸揽进城市风景，且贴心配置风琴帘调节采光，营造舒适的用餐体验。一旁则规划开放式包厢区，以灰色沙发搭配绿色墙面，形成鲜活的空间色彩，并悬挂铁艺吊灯建构空中焦点。图片提供©芽米空间设计

326

餐桌椅｜订制家具

长木桌｜厚皮大干木｜90 厘米 ×360 厘米
灯具｜LED 投射灯、易换式省电丽晶灯、吊灯

材质｜文化砖、木贴皮

327+328

结合特殊家具构造，创造空间吸睛焦点

顺应团客需求，在靠外墙位置设置大长桌，位置打斜安排与其余座位略做区隔。长木桌延伸至玻璃墙外融入前庭设计，在凸出户外的桌面亦安排座位作为待客区，营造室内室外共桌的意趣，也借此特殊设计创造话题，加强客人有"就是桌子穿出玻璃墙的那家餐厅"的强烈印象。图片提供 © 贺泽设计

329

沙发靠墙角舒服省空间

因以烘焙产品为主，仅保留 4~6 人座位区，不占太多空间，并以沙发椅形式，将座位规划在墙角，让客人可以舒服靠墙而坐。另以文化石墙壁搭配塑木材质，营造整体空间日式风格。
摄影 © 李永仁

330

订制长桌 | 实木、铁件 | 复古家具 | 加工厂

330
复古家具一统空间氛围

基于长形的空间形状，座位以三行纵向排列，分别设置不同形状和大小的桌椅，非统一化的家具增添了空间层次。订制的木制长桌运用旧木和铁件拼组，中央的桌椅则是使用老板收藏的复古家具。靠墙座位区则是一体成形的桌椅，刻意漆上复古红呈现中式家具传统氛围。摄影 © 叶勇宏

331
以工作桌为构想搭配家具

跳脱一般早午餐的白色轻风格，而以大胆配色颠覆空间印象，并可在深夜营造微休闲氛围。高脚桌以工作桌为设计出发点，可一个人看电脑，又或许两个人谈话。同时贴心搭配桌灯等细节，高脚椅也是特别由铁工完成的订制设计。摄影 © 李永仁

331

材质 | 老木、水管

332

332

打造如居家随兴放松的样貌

店主希望营造就像在家里一样自在的热闹气氛，因此家具虽舒适却带有古典元素款式。选择鲜艳的橘与芥末黄等，向空间注入活泼气息。座位与座位之间，不刻意区隔开来，借此将客人间的距离拉近，即便是互不熟识的人，也能自在、轻松地互动。图片提供 © 涵石设计

333

独立沙发角落营造浓厚美式风格

考虑各种用餐目的及人数，特别在角落规划一处沙发区，让独立区块当作包厢使用，可以接待较多人数的聚会。鲜明独特的配色及陈设，更强化了餐厅的美式特色。摄影 © Yvonne

333

材质｜铁件、人造皮革

334
高脚餐桌椅创造不同用餐体验

除了一般高度的座位外，特别设置高度较高的位置，利用不同餐桌椅变化出餐厅层次，让消费者每次前来都有不同的用餐感受。铁件打造的屏风也形成一个安静独立的用餐区。摄影 ©Yvonne

335
水泥订制桌带给客人新鲜感受

延续空间整体设计，二人到四人座位区的黑白色系座椅，借由不同款式增加变化。桌子则是以水泥和铸铁特别订制而成，铸铁桌脚带入古典元素，水泥桌面则给予客人视觉与触觉新感受。至于座位区细心安排的光源设计，不仅担负照明用途，细致的光线变化，也为空间带来更多层次。图片提供 © 涵石设计

334

材质 │ 实木、铁件

335

材质 │ 水泥、铸铁

336

336
运用材料特质创造趣味感

小酒馆一楼墙面以栓木铺陈，力求干净衬托基调。针对现今酒馆餐饮形态，墙面利用斜纹实木创造文字符码带入趣味性，白天隐约出现，夜晚灯光衬托更为明确。桌椅则是量身订制，椅背的房子造型呼应了店名。椅脚则是呈不规则状，隐喻微醺状态下的肢体表情。通过不同物件、材料的运用，不经意地创造令人会心一笑的绝妙设计。图片提供 © 开物设计

337
用颜色和桌椅创造三度空间

以裸肤色和粉蓝色分成两个空间，不仅客人自拍效果绝佳，同时墙面也能作为展览用。走道中央摆放的实木长桌，营造共食的另类乐趣，白天的钨丝灯泡晚上切换为 LED（发光二极管）灯，黑色天花板一闪一亮的，别具梦幻醉人气氛。摄影 © 李永仁

337

材质 | 漆料、超耐磨木地板

338
全室空间家具灰白色调营造轻巧感

因喜爱水泥创作，地板采取水泥粉光工法。桌椅搭配铝合金材质的海军椅，营造轻巧的空间感。加上窗台庭院景致映入室内，让人更为放松。摄影 © 李永仁

339
善用陈列点缀空间

沿墙规划酒品陈列展示区，布满墙面的设计形成数大便是美的惊人感受。运用木制层板和铁件的开放式柜体，简约不厚重的线条，成为入门吸睛焦点。天花则用格栅修饰，穿透的设计巧妙修正了天花变矮的视觉感，木质的温润味道也增添空间暖度。摄影 © 叶勇宏

340

342

家具｜复古矮桌、吊灯

341

材质｜木料

340+341

跳脱制式安排，以沙发创造空间丰富层次

若都是统一制式的桌椅，难免让空间看起来过于单调。因此在靠落地窗以及书架前各自规划出沙发区，靠窗处可让人慵懒地享受阳光与咖啡，靠书架区则可以最放松的姿态看看书，借由座位安排丰富空间，也满足客人各自需求。摄影 © Yvonne

342

独立和室创造隐秘角落

整体空间笼罩复古情调，因此刻意另外设置独立和室区，每区摆放不同样式的复古矮桌，丰富视觉感受，创造旧时日式空间氛围。和室独特的坐卧感受，让身体能慵懒伸展，宛如在家中般闲适自在，打造令人放松的独特气息。墙面的清新绿意与木质天花相辅相成，更添悠游自然的氛围。

摄影 © 叶勇宏

343
新旧融合的舒适角落

为了打造舒适及放松的环境，在座位上并不拘泥于统一，而是以芥末黄的绒布长沙发作为视觉焦点，搭配不成套的古董椅及单人沙发，利用古典元素统一风格，以不同造型增添变化，巧妙营造出一个有如在自家客厅般的舒适角落。图片提供 © 涵石设计

344
室内窗穿透又创造空间层次

以布景概念做空间框架，店内空间够大，座位区桌位也留出舒适宽敞的间距。店主人亲手打造的仿旧木质感隔间墙，以及旧窗框改造的壁面装饰，做出室内窗景的效果，创造出座位区的层次感。再利用吊灯和日杂手感小杂货，让空间丰富而温暖。摄影 © 叶勇宏

343

材质│水泥粉光、霓虹灯

344

材质│漆料、木

345

丁制家具 | 集成实木、铁件 |

345
沿墙面安排餐桌椅形成引导动线

座位区以基本的 2 人座餐桌椅为基础，方便依照不同的人数组合成 4~6 人座位。餐桌椅沿着墙面安排，形成中央明确走道，引导消费者顺着动线入座。图片提供 © for Farm Burger 田乐

346
拱门、红砖道的欧风气息

这一区保留建筑内既有的拱门与红砖廊道等格局，并将之化作餐厅座位区的特色，希望让在此用餐的人能够因为不同的建筑高度，而感受不一样的空间气氛。另外，古堡般的特殊漆墙与斜洒的落地窗采光，也给用餐者更悠闲的心情。图片提供 © 禾方设计

346

家具 | 不同类型的旧家具再利用
材质 | 红砖、特殊漆

347

家具 | 不同类型的旧家具再利用
材质 | 红砖、墙面彩绘

347
座位高度差创造不同视野

规划空间较大的餐厅时，在座位安排上会多考虑用餐者不同的视野，所以高度会有所调整，同时也可通过主题区的设定或墙面彩绘等来营造不同区域气氛。另外，考虑餐厅范围大，特别将送餐动线做树枝状设计，以提升送餐动线的流畅性，同时也将主动线放宽设计。图片提供 © 禾方设计

348
深蓝色墙形成视觉亮点

餐厅一侧原本设定为摇滚舞台区，因此在墙面漆上显眼的深蓝色做背景墙；目前则规划成四人以上的座位区，不过由于最近共桌概念渐渐形成，也适合同时好几组一至二个客人一起使用。延续老板喜爱的美式粗犷风格，家具也选用有时间感的二手家具。

摄影 ©Yvonne

348

材质 | 漆料

349

材质｜水泥纹瓷砖、花砖

349

黑白灰堆叠出空间丰富层次

大面积的地面选用灰色水泥纹瓷砖做铺陈，接近
吧台处则以灰色花砖环绕吧台做设计，利用花纹
丰富了容易显得单调的灰。座位区椅子虽也选用
黑白两色，但利用多种不同款式增加视觉变化，
其中还穿插几张木椅，为冰冷的空间注入温暖元
素。图片提供 © 涵石设计

350

倍感亲切的馨暖木头质感

空间内部的天花板及局部墙面，使用大量松木展
现和煦温度。素材天然的纹理深浅有致，带给视
觉很舒服的抚触。靠窗是一列面包展示台，隔着
轻透的落地玻璃窗，焦黄油亮的光泽与香气，惹
得人垂涎欲滴。图片提供 © 六相设计

350

面包展示架｜高 90 厘米 × 宽 80 厘米 × 深 40 厘米
材质｜金属脚架、枕木台面

351

351
台南老窗组构成独一无二收纳墙

平时有收集老窗嗜好的老板，索性和设计师商定，将从各地收集而来的老窗细心排列组成一道独特的墙面。窗面钉在木箱上再以积木概念嵌入接合，不仅形成引人注目的装置艺术，同时又是具实际功能的收纳墙，更为座位区带来有趣的话题。摄影©Yvonne

352
以爱犬图像带出视觉趣味

店家饲养的可爱柯基犬，也是店里的活招牌，吸引许多喜爱宠物的客人上门消费，顺便分享人与毛小孩发生的感人片段。年轻的老板夫妻特地将狗的形象转成平面图案，成为墙上醒目的视觉焦点，享受美食之余，还能拥有可爱小伙计的热情陪伴。摄影©Amily

材质｜台南老窗、旧木箱｜订制桌｜栈板、铁件

材质｜马赛克拼画

家具 | 欧洲跳蚤市场

订制家具 | 桦木夹板 | 圆桌、4 人长方桌、椅子

订制家具 | 实木、铁件

353

走进日杂手感的户外座位

院子的架高平台区善用老公寓的优势,透明采光罩和矮墙,搭配较低矮的座椅,营造自然休闲的无压气氛。并通过植栽、小木马、三角旗装点出可爱温馨又不失质感的空间氛围,同时是店休时店主人从事木工兴趣的场所。摄影 © 叶勇宏

354

几何造型家具兼具实用与造型趣味

主要用餐空间采用玻璃窗为隔间,既可以引入较温和的自然光线,同时呈现空间的纯粹明亮质感。搭配长形、圆形及吧台式座区,能灵活对应不同人数的消费者,也为简约空间带来和谐不突兀的趣味变化。图片提供 © 直学设计

355

天然质朴素材营造轻松休憩角落

位在角落的椅子特别以店名打造出"ON"的造型,墙面则贴覆带有金属质感的大面铜色镜子,反射书墙特色同时具有放大空间感的效果。迷你餐桌以旧木为桌面、水管为桌脚制作,加上工业风格吊灯,整体用水泥打造的空间营造出放松自然的氛围。摄影 © 叶勇宏

356

订制家具 | 实木、铁件

356
自制手工家具灵活变化空间样貌

虽然健康饮品以外带外送为主，但仍希望为都市里的顾客留下一隅可以休憩的角落。将空间右侧墙柱后方规划为简单座区，延续整间店的朴实风格，以自己打造的餐桌与几个可作为收纳的木箱搭配，创造出可灵活移动的家具，方便随时调整以创造多变的空间感。摄影 © 叶勇宏

357
欧式情调的户外座位

利用庭院空间，架高木地板设置户外座位区，也是贴心为客人设想候位的暂时等待区。选用耐候的户外家具，即便是风吹雨淋也不致毁损。墙面以板岩砖铺陈，展现欧洲古堡风味，上方加装可伸缩遮阳篷，天蓝色系是招牌的专用色，呼应整体自然清新的休闲氛围。摄影 © 叶勇宏

357

材质 | 南方松、板岩砖

材质｜漆料、木箱

订制家具｜实木、铁件

椅布｜紫布新亚麻、灰布、米白

358
为小朋友打造专属空间

有感于小朋友与大人使用空间方式不同，因此利用木板将空间做出区隔，辟出一块小朋友专属区域。位于靠窗处不仅光线充足，墙面颜色也有别于空间里的白墙，漆上鲜艳的蓝绿色。家具当然也是按小朋友适用尺寸订制，而以木箱组成的收纳墙则方便让小朋友自主做收纳。摄影 © 叶勇宏

359
运用镜面和镂空楼梯有效放大视觉

在面宽不大的限制下，座位和柜台分别沿墙设置，摆放订制的小巧圆桌留出中央通道。利用层高优势，设计二楼夹层，有效设置更多的座位区。镂空铁件楼梯不仅呼应整体的简单利落风格，再搭配下方的镜面在小面积空间中延伸视觉，让空间更放大。摄影 © 叶勇宏

360
文艺慵懒的沙发座席

店内在角落规划整排沙发区，采用灰色软垫靠背座椅搭配轻软抱枕，强调来自居家的舒适度。并以温润质材作为背墙基底，装点几幅黑白照片。天花板则悬吊低调且温暖的灯饰，营造文艺气息与慵懒氛围。图片提供 ©JCA 柏成设计

361

桌｜加拿大冷杉｜订制无扶手布坐椅｜紫布新亚麻、
灰布、米白

361

颇富异趣的连贯秩序感

天花板做出重复的框架元素，解构木箱后将不同角度的框架结合，衍生颇富异趣的连贯秩序感。店内座位约 30 席，除了开放座位区之外，后方还规划一处可容纳 12~15 人的包厢区，并配置帘幕做出完好的隐私区隔。图片提供 ©JCA 柏成设计

362

沿墙摆设的小巧卡座

店内装修一开始就设定木头与蓝色系两大主题，其余墙面留白避免压缩空间。干净的墙面上点缀可爱壁贴图案，并沿着腰墙摆设小巧卡座，尽可能保留舒服的行进动线。桌椅以木材料为主，椅子也特地挑选复古教室椅来搭配。摄影 © 叶勇宏

362

小方桌｜高 75 厘米 × 宽 60 厘米 × 深 45 厘米｜木头、金属

363

家具｜回收实木｜墙面｜黑镜、梧桐木

364

365

材质｜超耐磨地板、涂料

363
降低桌椅高度，暗示空间用途

在店面两侧分别有柱体遮挡，柜台顺势沿柱体后方开始延伸，柱体前方则利用空间设置座位。以回收实木制成的长椅，刻意与茶几同高。低矮的桌椅在视觉上不占据太多空间，且不适合久坐，可作为外带的临时等待座位。背面的黑镜不仅有效反射空间，也与对侧黑色墙面相呼应。摄影 © 叶勇宏

364+365
双人桌椅机动性强

由于空间纵深较长，沿墙面安排座位区让出走道，配置两两成对的双人桌椅，不论是一人、两人或多人都可自由独立或合并，座位安排的机动性强。走道尽头的空间则陈列整面书墙，形塑独立书房，再配上沙发和单椅，就像在家中般自在。摄影 © 叶勇宏

订制家具 | 回收实木

366 设置吧台桌善用畸零空间

由于店面位于转角处，且面向道路一侧为斜角，多出了畸零空间，因此利用大面落地窗延伸向外的视线，让空间不致太狭窄。并使用二手回收木沿窗设置吧台，有效利用空间。另外，此处也可作为对外展示的窗景，借由花饰、招牌吸引客人目光。摄影©叶勇宏

367

布质餐椅营造客厅般的舒适氛围

空间以梁柱为分界，将座位区区隔出较为开放的外区及较为安静隐秘的内区。相较于以2人座为主的外区，内区隔着邻窗多了4人座的沙发座位，更能享受不被打扰的安静氛围。搭配实木与布质的餐桌椅，传递出令人卸下心防的居家温度。摄影©叶勇宏

订制家具 | 实木、铁件

材质 | 水泥粉光、漆料、木

订制家具 | 实木、铁件

Mr.Butter

皮革沙发 | 高 78 厘米 × 宽 150 厘米 × 深 78 厘米 | 木头、聚氨酯乳胶环保皮革

368
运用植物和少量色彩添生气

原本老屋隔间未更动，拆掉的窗和门形成两个既独立又具动线引导的空间走道设计。为了避免室内全白色过于单调，墙面的黄色彩漆简单不复杂，植物吊灯也让无采光的室内隔间增添生气。摄影 © 李永仁

369
架高户外座区以落差高度创造自有天地

顺着建筑原本的架高设计，规划可以吸烟的户外座位区，并配合外观设计搭配全黑色户外家具，使整体外观看起来井然有序。架高的平台脱离人来人往的人行道，居高的视野给人远离繁杂的悠闲感受。摄影 © 叶勇宏

370
超适合聚会的沙发卡座

虽然店内空间不大，不过角落处店家精心打造的沙发卡座，却是非常舒适的贵宾席呢！以招牌犬的超萌图案做成大型马赛克拼画，是整个空间最醒目的视觉亮点。搭配经典款的复古皮革沙发，最适合三五好友聚会闲聊，享受愉快的午后时光！摄影 © Amily

371

371+372
改造废弃家具、门板成亮点

原本已摇晃破损的废弃小学课桌椅，在热爱木工的店主人巧手改造后，重新加强结构、上漆，换上和木地板相衬的桌板，成为独一无二的复古家具。购自九份废弃的日式住宅室内拉门，改造为怀旧的入门拉门，不造作的斑驳感更增添淡淡日杂情怀气息。

摄影 © 叶勇宏

372

旧木门＋自己动手修补

材质 | 强化玻璃、实木、铁件

材质 | 木夹板 | 沙发 | 二手老件

材质 | 实木、瓷砖

373

通透玻璃和材质延伸营造放大空间的效果

一入门即可看到座位分布于左右两侧，利用玻璃隔间另外分割出独立用餐区，多人聚餐笑闹也不怕影响其他客人，可作为公司外出开会的最佳场所。入口门片宽度加大，展现门面的恢弘气势。木质调性从门口延伸至天花，格栅天花分布内外隔间，有效延伸视觉，即便是独立隔间也觉得空间一点都不狭小。
摄影 © 叶勇宏

374

吧台座位区增加互动机会

吧台座位区虽然邻近入口处，但若是单独的客人，倒也刚好可以和座位区的人区隔开来，享受属于一个人的宁静；又或者对咖啡有兴趣的话，可以选择这个座位，和老板聊聊咖啡，吧台高度刚刚好，互动、聊天相当方便。摄影 © 叶勇宏

375

巧用砖面粗犷感呈现空间层次

店面利用老公寓改造，因此以复古为基调，墙面沿用传统二丁挂的砌砖方式，在一片素净的空间中，利用砖面特有粗犷感展现视觉层次。不刻意追求过多装潢，仅呈现空间原形再摆放几张桌椅，拉大的桌距让用餐感受更加闲适不紧绷。摄影 © 叶勇宏

376

裸露天花板提升视觉高度

由于餐厅为超过 30 年的老旧公寓，天花板较为低矮，为降低压迫感，设计师将天花板刻意裸露，形成拉高的视觉效果。轨道灯的设计除了具原始感，也能随业主需求调整光源的角度，提升了空间使用功能性。图片提供 © 禾境室内设计

377

温馨暖色调铺陈出居家亲切感

室内空间以暖色调营造有如家一般的温馨感。座位区依前来消费的顾客规划，在接续入口的外侧座位区以 2 人座位为主，也可以机动性地合并成 4 人座位，并以舒适不拥挤的间距配置适当座位数，让人从外面踏入店内随时都能感受轻松愉悦的心情。摄影 © 叶勇宏

376

轨道灯 ｜ 轨道 65 厘米

377

订制家具 ｜ 实木＋铁件

材质 | 水泥粉光、木作、油漆

订制家具 | 实木、铁件

378
手感线条创造白墙的层次感

咖啡馆主要还是以白色、木色为主，借此衬托陈列的饰品、家具和花艺。然而在内侧的4人座区，白墙上一道手感线条，则是设计师特意表现层次感。地面更是运用水泥与木作作为拼接，利用材质界定环境，也成功带出独特的材质反差效果。图片提供 © 郑士杰设计有限公司

379+380
街坊共享的文艺空间

"鹿角公园"不仅是一家重视空间气氛、食材新鲜健康的美食餐厅，更是一家乐于跟街坊邻里共享人文艺术的文艺空间。店家经常与新锐艺术家或各类型文创团体配合，在店内提供无偿的展示空间，甚至还准备了大面黑板供艺术家们自由创作，味蕾享受之余，心灵层面也同获滋养。摄影 ©Amily

381

材质｜杉木、护木油、漆料

381

满足各种放松姿态的座位想象

一开始就是以客人各种放松姿态作为座椅安排的想像，因此没有过于有规律地规划桌椅，取而代之的是以可坐可卧的单椅、沙发、椅凳等各种形式的椅子随兴组合，形成一个能满足每个人放松需求的座位区。大量运用木素材形塑空间，适度以深咖啡色沙发及深蓝墙色增添活泼气息，丰富了视觉感受。摄影 © 叶勇宏

382

改变座位形式确保走道宽敞

在畸零空间安排沙发座位，位于内凹处刚好独立于其他区块，感觉更为隐秘、放松。邻近沙发区坐椅改用吧台形式，可避开一般座椅与沙发椅距离过近的尴尬，也留出入口处宽裕的过道空间。摄影 ©Yvonne

382

材质｜水泥粉光

383

材质｜砖、水泥板、超耐磨木地板

384

材质｜超耐磨木地板

385

材质｜水泥粉光

383

彩色家具注入空间活泼气息

大量选用木素材，墙面则是砖墙和水泥板拼接而成，材质具质朴感。座位安排刻意选择不同款式、材质与颜色，每一桌以三种不同元素的椅子作为搭配原则，借此让空间变得更为生动有活力，同时也丰富了视觉感受。

摄影 © 叶勇宏

384

利用冷硬元素替乡村风注入个性

配合主要销售的美式糕点，以乡村风作为空间主要风格。不过乡村风给人印象过于女性化，让想上门的男性顾客有所顾忌，因此仅利用线板、碎花壁纸带出空间风格元素。搭配座位区工业感家具注入个性，选择白色且搭配木素材款式，是为了淡化金属的冰冷感。摄影 © 叶勇宏

385

窝在沙发慵懒一下午

规划低矮的沙发区，除了借由高低视差让整体空间变得更为丰富有变化外，也是希望让客人可以以最放松的坐姿，享受咖啡馆自在的氛围。颜色选择和木色接近的咖啡色及棕色色调统一视觉，避免颜色过多让空间变得太过复杂、混乱。摄影 © 叶勇宏

386

材质 | 杉木、护木油

386
木箱取代坐椅让座位调配更灵活

考虑长形空间过窄，因此座位采用长形木箱靠墙拼成长条座椅取代单人椅，也留出走道空间确保行走动线顺畅。订制坐垫增加坐椅舒适度，并在靠窗位置以木作打造高背平台取代椅背功能，让客人能放松往后靠一点都不累。摄影©Yvonne

387
改变座位形式，区隔空间氛围

客人来到这里，有人用餐有人只是想放松，因此除了多数的用餐区座位外，另外规划出一个沙发区，沙发材质及造型原本就给人舒适感，加上沙发椅高度低于一般单椅，视线高度变低，更让人感到放松、慵懒，而借由高度及座位形式做出变化，空间也因此更显丰富与多层次。摄影©叶勇宏

387

材质 | 木夹板 | 沙发 | 二手老件

388

材质｜超耐磨木地板

389

材质｜铁木

390

材质｜水磨石、木夹板
订制桌｜镀锌板、铁件

388

彩色复古学校椅活泼空间感受

由于房子基地正中间为结构梁，因此座位区便沿着结构柱与窗边做规划。主人喜欢木头温润质感，家具皆选择以木材质为主，不过太过一致的质材容易显得单调，因此单椅便采用复古德国学校椅，让色彩艳的椅子自然丰富空间并注入活泼气息。摄影©叶勇宏

389

繁忙都市里的悠闲一隅

以铁木取代一般外露阳台、庭院常用的南方松木地板，不仅是环保，色调、质感也与室内相呼应。少量规划座位，维持室外区域的开阔感，并选用木折叠椅当座椅，借此营造出与室内空间不同的度假气息。摄影©叶勇宏

390

不受限的共享桌概念

由于空间小摆太多桌椅既让空间变得狭窄，也不见得能增加客席数，因而干脆带入共桌概念，以一张大桌子作为主要座位区安排。大桌子摆下后剩余空间不足以再安排座位，于是利用书墙最下层层板设计成吧台式座位以增加座位数。由于吧台桌面面宽较窄，因而不影响来往行走的行人。摄影©叶勇宏

391

材质 | 清水砖

391
双人床铺座位营造家的轻松自在

位于狭长形空间中段的座位区，利用清水砖做出砖墙效果，让过长的墙面增添视觉变化。在固定的二人座位后面加入双人床铺座位，则来自店长曾身为背包客的贴心巧思，希望借由可躺可卧的床铺坐椅，让客人有如在自家般放松、自在。摄影 ©Yvonne

392
融入古典元素增添空间变化

呼应空间风格，座位区家具也采用具工业风元素的款式。但风格过于单一容易沦于单调，因此座位区背墙以线板及轻浅色调将古典元素融入工业风，借此跳脱原本想象增加变化，也借由柔和的古典元素注入较为温馨的用餐感受。摄影 © 叶勇宏

392

材质 | 超耐磨木地板

393

材质｜水泥粉光

393

高低层次让空间更具多变

在空间规划上将部分地面架高，形塑高低不同层次。而座位安排也顺势以此原则作安排，利用沙发、单椅等坐位高度的不同营造视感落差，进而让空间感受更具动态，也变得更为有趣多变化。

摄影 © 叶勇宏

394

不拥挤的悠闲深得人心

店面外观有两段大面积的落地窗，在面积较小的一侧落地窗前规划长台，三五好友排排坐，一边品尝店家手作的美味糕点，一边还可以欣赏流动的街景，享受悠闲的午茶时光。整个空间没有过多的装潢，不拥挤、不赶时间的轻松感舒适宜人。摄影 © 叶勇宏

394

窗边长台｜长 300 厘米 × 宽 45 厘米 × 高 100 厘米｜夹板木作

395

控制座位数保留空间感

这是一个咖啡与文艺空间结合的空间，因此座位数以让空间不拥挤又开阔作规划，借此营造如艺廊般的宁静沉稳。色系以极简黑白维持视觉干净，也便于未来展示品的摆放。顶、地、壁选择以材质原始面貌呈现，将容易让人感觉有距离的艺廊空间拉回亲切、舒服的咖啡馆调性。摄影 © 叶勇宏

396

订制家具取代单调制式感

家具款式过多容易让空间显得凌乱，因此将最多也最好灵活调配的二人座位区统一桌椅款式。但为避免太过统一且更符合空间尺度，以订制家具取代现成桌椅，桌椅的铁件元素，为温暖的空间里注入个性。椅面采用旧木料修饰干净线条，让触感更为柔和也多了手作温度。摄影 © 叶勇宏

395

材质 | 水泥粉光、砖、漆料

396

材质 | 松木、柚木、旧木料、铁件
椅子 | 深约40厘米、高约45厘米

397

397

橘色镀锌铁板制造空间视觉焦点

打破一般常规，以镀锌铁板将座位区与厨房区隔开来。镀锌铁板原本的金属色放在食欲空间里太过冷硬，因此漆上明亮、引发食欲的橘色，让这道特别的隔墙成为最吸睛的一道墙，冷调的空间也有了温度。摄影©叶勇宏

398

以少量座位强调空间风格

过多座位不仅容易让空间变得拥挤，也会让空间风格失去原本应有的味道，因此以二人一桌形式少量安排座位，选用到味的工业风家具，让座位区更融入整体空间风格，也让人一进到这家店，便能立刻感受到最纯粹的工业风。摄影©叶勇宏

398

399

家具工厂订制家具｜木作＋铁件

399
质感对比的平衡营造冲突美感

主要座位区沿着斑驳墙面配置至底端，墙转换成能投放影片的白色墙面，让咖啡馆形式与形态有更多可能性，而镶着华丽古典画框的餐桌，与粗犷的空间在新与旧、古典与现代之间交会出后现代的美感。刻意调暗的灯光形成安静低调的氛围，成为创作者发想创意的私房基地。摄影 © 叶勇宏

400
以经营形态设计座椅巧思

原先以烘焙咖啡为主的工作室概念，店主刻意不设多人座位，仅沿墙面设置单人座位区，预设停留时间不久，客人品尝并挑选咖啡豆离开。因此店主依照自身习惯的高度，量身订制桌面和单椅，同时墙面设计一系列的陈列，丰富视觉效果之余，也有展示的实用功能。摄影 © 叶勇宏

400

订制家具｜高度 90 厘米｜实木＋铁件

401

401

随兴安排打造专属角落

由于原始基地不够方正，加上咖啡厅同时结合创意商品展示区，因此座位以随兴自由的方式来做安排。虽然有的位于较畸零或偏僻角落，却也颇有个人专属座位感。座位散布于空间各角落，因此家具统一款式，避免空间因此变得杂乱。摄影©叶勇宏

402

废材再利用的环保精神

店内地面保留旧建筑的水磨石，刻意刷成暖灰色的天花板，洋溢自然不做作的仓库风情，配合空间结构柱特制的木头长桌，很巧妙地将突兀的柱子变成长聚落的一部分。最特别的是店家以废材拼接而成的几何桌面，造型图案独一无二且富设计感，积极落实环保精神。摄影©叶勇宏

402

木制长桌 | 长 320 厘米 × 宽 120 厘米 × 高 75 厘米 | 废材、铁件

403

403+404
红色砖墙形塑座位区空间个性

将空间里的一面墙打掉涂料面恢复原来的红砖墙，让砖墙成为座位区抢眼的特色之一。墙面视觉强烈，在家具选用上则适合以简单款式搭配，因此选用相近特质、线条简单的木质桌椅，另外加上布质椅垫增加舒适感。摄影 © 叶勇宏

404

材质 | 红砖、漆料

405

沙发卡座 | 一人座宽 100 厘米 × 深 50 厘米、二人座宽 130 厘米 × 深 50 厘米
材质 | 木作、贴皮、丝绒布料

406

材质 | 超耐磨木地板、黑板漆

407

材质 | 水磨石

405

订做沙发卡座柔软舒适

设计师利用色彩和订制家具完成场域区隔，其中以粉肤色丝绒为面的沙发卡座，分别规划两人座和四人座，坐感非常舒适，周边大量的木质语汇也释放出和缓、悠闲的自然感。图片提供 © 地所设计

406

有如坐在草坪上的轻松自在

希望将植物元素带入空间，因此在入口座位区铺上绿色地毯增添些许绿意。摆放沙发椅则让有如坐在草坪上的客人，坐姿因此可以更为慵懒、放松。呼应地面绿意，黑板墙方便随时手写的自由也增添了此区随兴趣味感。摄影 © 叶勇宏

407

融入新概念让大桌运用更灵活

过去总有大桌子就是一群人使用的习惯，但随着共食、共享概念慢慢形成，一张大桌子不再是团体客人的专利，一个人、两个人都很适合，也因此原本被认为难以安排的坐椅形式，反而成了最能自由安排活用的座区。摄影 © 叶勇宏

408

黑色皮革沙发｜长 150 厘米 × 深 50 厘米｜木作、皮革

408

优雅复古的英伦风情

店内靠窗的这区情境气氛截然不同，地面铺设局部复古砖与 PVC（聚氯乙烯）木纹地板作跳色处理，营造类似铺了地毯般的区域效果。大面窗迎入明亮光线，令人神清气爽。黑色皮革拉扣绷制的长沙发座，很适合多人聚餐，沉稳的色彩控制颇具英伦风情。图片提供 © 地所设计

409

缓慢优雅的用餐时光

餐厅中央地面刻意以花砖铺设出类似地毯的视觉效果，方桌、圆桌穿插摆设的手法，让人员行进间也不致干扰其他来客。外观使用的酒红色古典墙也沿用到室内，营造前后呼应的设计语汇。整体的情境照明倾向柔和、微昏黄的照度，自然而然发挥情绪舒缓的作用。图片提供 © KC DESIGN

409

材质｜水磨石

410

410

靠墙安排座位确保走道宽敞

狭窄空间势必会遇到座位与走道安排问题，因此确定中间为主要行走动线后，座位便靠两边安排，一侧以一般座椅形式，入口左侧则采用吧台座位设计，借此与工作吧台做串联，也解决客席数与空间不足的问题。摄影 © 叶勇宏

411

舒服又宽敞的客座设计

店家的客座布置非常大器，不因考虑翻桌率与载客数而让店内显得拥挤，尤其是最适合欣赏街景的落地窗前位置，居然摆了仅容四人入座的舒服沙发椅，可以一边欣赏车水马龙的景致，一边品尝美味的糕点、轻食与咖啡、独创的风味茶饮，真是令人开心。摄影 © 叶勇宏

材质 | 水泥粉光

412

材质｜PVC 地板

412

质地清新的白色天地

整个店里铺设浅色木纹 PVC 地板，并以大范围的白描绘空间轮廓，但局部穿插刷淡的色块增加视觉层次。店里的桌椅家具很符合事前设定的北欧休闲风格，刻意将管线外露的裸式天花板，则增添微量的工业风气息。摄影 © 叶勇宏

413

怀旧材质打造隐秘小餐馆氛围

半户外地面利用仿陶砖的怀旧质感，给空间形塑出有如欧洲小餐馆的惬意氛围，也呼应了原始红砖墙与木墙的质朴感。座椅采用一大桌四人一桌形式搭配，希望在增加座位数之余，也不要变得太过拥挤，让空间失去原本的闲适感。摄影 © 叶勇宏

413

材质｜瓷砖、红砖、水磨石

414

材质 | 超耐磨木板

414
变换座椅形式强调放松感受

希望来到店里的客人不要太过拘束，因此除了二人一桌的座位安排以外，另一面窗边座位改以订制长条椅搭配单椅。长条木椅铺上坐垫加强舒适度，也让客人可以放松倚墙而坐。椅子下方则设计成收纳空间，强大的收纳量可解决收纳空间不足的问题。摄影 © 叶勇宏

415
静谧清新的日式风韵

店里靠墙一侧设置有芥末绿色的沙发卡座，这个角落也是日式风情相当浓郁的地方，呼应店家自己拿手、造型很有果子风情的凉糕产品。墙上高处铁件格栅与木作上柜的组合，也为店内提供实用的收纳空间。铁灰色系的墙色搭配芥末绿色皮革沙发，很有夏日里的清凉意味。摄影 © 叶勇宏

沙发卡座 | 背高 57 厘米 × 深 48 厘米 | 木作、乳胶皮革

416

材质 | 钢刷超耐磨木地板

416
大桌共享座位反而更弹性

基于空间舒适度考虑，二人一桌的座位安排容易让空间变得太过拥挤，因此改以多人共享一张大桌子的形式。实际使用时，也发现客人并不排斥这样的座位，而且这样不论一个或两个人甚至三个人都适合，座位的调度反而变得更有弹性。摄影 © 叶勇宏

417
轻松悠闲的美式工业风

因为位于角落，让店内拥有两面直角衔接的大落地窗，就算白天不开灯，采光也是一级棒。刷成铁灰色的裸式天花板，勾勒个性十足的工业风背景，看来非常随性的座位布局各显其趣，提供来客一处可以轻松享受美食的舒适环境。图片提供 © 地所设计

417

黑色木质长吧 | 长 240 厘米 × 宽 70 厘米 × 高 100 厘米
材质 | 白巧克力砖、美耐板贴皮

材质 | 红砖、水泥粉光

418
享受都市的自然绿意与阳光

因为老屋所以才能有这多出来的小庭园，于是这里安排了几个简单座位。不因为是户外空间就随便，桌椅都是特别挑选老旧二手家具延续空间风格，让坐在这里的客人不会感觉迁就，而能悠哉地享受阳光欣赏周围的花花草草。摄影 © 叶勇宏

419
以白色吊椅延续门面清新印象

整体空间用色较为厚重，因此在接近入口处的座位区，选择以轻盈的白色吊椅形塑入门清新的第一印象。少见的吊椅设计更替空间带来了话题，虽然有人质疑实用性，但其实加了布质椅垫的吊椅不仅有趣，意外地还相当舒适。摄影 © 叶勇宏

材质 | 实木地板、吊椅

420

伪装卷帘门的墙面造型

店里有一面看起来像极了卷帘门的黑色造型墙，乍看之下会以为门后还有其他空间，其实这是设计师特地以板材一块块上漆、拼接出来的仿卷帘门意象，最主要是呼应店内裸式天花板的工业风。而卷帘门也是台湾传统店面不可或缺的元素，不过这假的门可比真的还惟妙惟肖呢！摄影 © 叶勇宏

421

金属格架巧作空间介质

入口处以两座半人高的金属格架采用九十度坐向摆设，巧妙区隔空间里外，其中靠门的一座还附设小巧的等候区座椅，妥善利用有限空间。而金属格架内摆满可爱的小花盆栽，一来活泼的绿意让来客的心情瞬间获得舒缓，而格架的穿透感足以界定空间而不显压迫。图片提供 © 地所设计

白砖方桌│高 70 厘米 × 长 57 厘米 × 宽 57 厘米│木作

金属格架（大）│长 120 厘米 × 宽 3 厘米 × 高 120 厘米│铁件、木夹板

铁件高脚桌 | 高 93 厘米 × 长 76 厘米 × 宽 61 厘米 | 木头、金属

422

保留素净白墙的艺术平台

空间里多处白墙都不作任何色彩、硬体装置，店家解释原因其一是为了保留空间的原有样貌，让来客感受舒服、没有压力的用餐、喝咖啡气氛。其次也希望能将白墙当画布，作为新锐艺术家举办作品展览的艺术平台，也让来客在用餐时能顺道吸收新鲜的艺术养分。摄影 © 叶勇宏

423

绿色沙发区强调居家舒适感

设置沙发区可借由家具高低创造空间层次感，而总是给人舒适的布面沙发椅，也符合店里希望呈现的居家悠适氛围。跳脱浅色为主的家具，鲜明绿色自然成为空间亮点。摄影 © 叶勇宏

材质 | 钢刷超耐磨木地板

424

居高鸟瞰的夹层贵宾席

夹层区域其实面积不大，但除了轻松鸟瞰店内甚至户外的景致外，独特的空间感也相当迷人。设计师以细致的钢筋焊接成精美扶手，斜顶的天花板延续OSB 板的特殊纹理。更巧妙的是使用双色 PVC 地板，搭配繁复的人形拼工法，呈现墙面到地面的漂亮锯齿图案。图片提供 © 子境设计

长桌｜高 75 厘米 × 长 140 厘米 × 宽 80 厘米｜木头、金属

425

绿色墙面形成空间主视觉

座位区主墙选用复古黑绿色釉面砖，让以水泥为主的空间，可借此增加一点色彩却又不失其沉稳基调。以外带为主，因此在合理的空间下安排少量座位。桌子材质结合大理石与铁件，椅子则选用木与皮结合的材质，利用软硬元素中和空间里过多冷硬材质具有的冰冷感受。图片提供 © 隐巷设计

材质｜釉面砖、水泥粉光

426

材质 | 水泥粉光、漆料

426+427
随兴安排营造无拘放松感

不同于一般形式桌椅以及规律的摆放，改以沙发、
单椅、椅凳安排座位区，让客人可以各种不同慵懒
的姿态坐在这里享受音乐、咖啡。家具款式多样，
空间则维持极简不多做装潢，让座位区的家具成为
空间里真正的主角。图片提供 © 就爱开餐厅

427

428

428+429
餐桌垫高强调舒适度

希望营造和式用餐体验，但考虑到用餐无法长时间跪座，因此将餐桌架高，视觉上仍保留榻榻米形式，但让用餐的客人可以将脚放在桌子下方，舒适度增加，空间线条也能保留原来的极简。图片提供 © 隐巷设计

429

材质｜超耐磨木地板

材质｜漆料

材质｜水磨石

米色长沙发｜长（760 厘米＋350 厘米）× 深 50 厘米
材质｜家饰布、木作

430
轻浅木色营造空间温暖轻盈感

二人一桌是座位区主要座位形式，可满足二
到四个人的客人，也可以拼桌以便顺应客人
人数较多时的需求。将外观木质元素延续至
室内，桌椅皆选用浅色木质款式，浅色系有
打亮空间效果，木质则能带来温暖感受。图片
提供 © 就爱开餐厅

431
自然散发慵懒氛围的沙发区

空间里追求不是快速的消费行为，相反地希
望客人可以慢慢地在这里品酒或者品咖啡，
因此以摆放舒适沙发座椅，借由沙发低矮的
高度，营造轻松、自在氛围，至于四人一桌
则适合一群朋友聚会时选择。摄影 © 叶勇宏

432
特调色彩的另类古典

店内一角利用特调色彩来营造独特的空间
感，饱和度相当高的浓绿色深具疗愈之效，
能适度舒缓现代人快节奏的紧张步调。裸式
的天花板设计洋溢时尚工业风，凹凸起伏的
管线结构，与米色厚软的长沙发形成趣味对
比。图片提供 © 地所设计

433

特制高脚长桌｜高 120 厘米 × 宽 60 厘米 × 长 140 厘米｜
木作、角铁

433

栈板拼接的材质魅力

店内挑高达六米以上的超大面墙，无疑是设计师最
爱的创意舞台。利用色泽深浅不一的废料栈板，设
计师以不规则的乱序、错拼手法，展现木料本身的
粗犷与自然感。不加修饰的生动肌理，衬托立体树
型伸展的美妙姿态。更棒的是附加其上的灯光设计，
让独到的图腾之美兼具实用性。图片提供 © 子境设计

434

适合三五好友聚会的沙发聚落

店内角落规划唯一的多人座位，也是唯一有沙发的
位置，靠墙米白色的柔软沙发，带出舒适无比印象，
很适合三五好友伴着咖啡香，相伴度过一个愉快的
下午。可容纳多人共用的木质长桌，其实是利用废
弃栈板搭配铁件重新组装的实用创意。摄影 © 叶勇宏

434

栈板长桌｜长 200 厘米 × 宽 140 厘米 × 高 75 厘米｜铁件、栈板拼接

435

才质 | 瓷砖、漆料

435+436

座位适量营造空间留白

咖啡馆原本就该给人一种舒适、放松感,因此座位数量除了考虑实际需求外,空间氛围也应考虑。小小的空间不追求客席满坐,简单几个座位,再摆上极具特色的桌椅,让空间自然散发沉静感,同时也展现这家店特有的鲜明个性。图片提供 © 就爱开餐厅

436

437

437+438
架高地面打造隐秘座位

将地板架高并采用粗犷的 H 型钢做格栅，让位于房子楼梯处的长形畸零地，恰好形成一个极具隐秘感的座位区，少量座位维持空间私密感。白色墙面则利用图片、杂货等点缀，让原本的畸零角落变得更为精彩、有趣。摄影 © 叶勇宏

438

材质 ｜ 漆料、H 型钢

439

439

以留白概念安排座位数量

利用质朴水泥，与空间里的材质相呼应，完美呈现冷硬、极简的空间调性。家具则选用线条简洁又具工业风款式，凸显空间希望呈现的人文感。图片提供 © 艾伦设计　摄影 © 钟崴至

440

两人一桌保持入口顺畅

接近入口的地方为确保出入顺畅，因此不适合再摆放四人一桌的座位，改以二人一桌座椅形式安排，座位缩减也借此留出出入行走的空间，避免了入口拥挤状况。图片提供 © 就爱开餐厅

440

441

441
木质与浅色调形塑放松、舒适感
保留前一间店靠墙长条沙发椅，形成主要座位区，正因为入口处容易留下难以安排的畸零空间，设计时反向思考以圆桌安排来化解；也因此跳脱原本的方桌形式，让空间产生趣味变化。图片提供 © 就爱开餐厅

442
时光停驻的怀旧印象
从入口一进来不免会因为天花板上的钢架、管线，触动一种浓浓的怀旧印象，地面绝大部分都是以水泥粉光施作，外加保护漆来增加光泽感。左侧沿着红砖半墙屏风到方格窗前都装设了长台座位区，在这 90° 转折的区域里，使用回收的旧木地板跳色处理。摄影 © 叶勇宏

442

443

材质 | 黑板漆、进口壁纸

443+444
利用高度营造层次感

利用地面高低营造空间层次感，也借家具高度改变创造律动感。邻近吧台的座位区即以此为概念，确定了最舒适的沙发区之后，再来安排椅凳的一人四桌区。多变座位形式让空间更为丰富，也创造了更多引人瞩目的视觉亮点。摄影 © 叶勇宏

444

445

狭长空间座位靠两边安排

座位的安排和动线有很大关系，以狭长形空间来看，主动线应规划在中间，座位就顺着动线靠两边安排。从主动线往两边扩散的上菜动线不仅顺畅，也留出客人移动空间。桌椅采用几种不同款式淡化制式感，但以木材质为主强调温馨触感。图片提供 ◎ 就爱开餐厅

446

地、壁面材质立体连接，放宽空间感

在狭长形的店内空间，巧妙地将墙壁、地板与吧台三个横向面整合以水磨石材质做铺面，让视觉有向左右发展的错觉。且在座位配置上运用板凳或简易桌椅设计，让空间更宽松外，也更符合想喝杯咖啡、看看书的客人需求。图片提供 ◎ 力口建筑

445

材质 ｜ 超耐磨木地板、漆料

446

材质 ｜ 水磨石

447

447

善用吧台形状增加座位空间

木素材可增加空间温暖，但为避免单一材质过于单调，因此除了白胡桃木之外，以刨花板拼贴吧台立面，延着吧台形状设计位置，借此增加坐席同时也有效利用空间。图片提供 © 艾伦设计 摄影 © 钟崴至

448

简单素色自然融入老空间

除天花板的小天窗洒进自然光外，空间中适度加入吊灯、桌灯等，光感从不同方式带出洗墙效果，也带出令人玩味的质感细节。坐席则延续老房子质朴调性选用素色沙发椅，让低调素色能自然融入复古空间。摄影 © 余佩桦

448

449

449
极简冷调形塑人文气息

空间虽然走极简冷调风格，但家具却揉入木素材温暖元素，深浅木色各有特色，与金属搭配起来一点也不显突兀，反而有种冷暖调和的视觉感受。图片提供◎艾伦设计　摄影◎钟崴至

450
水磨石墙为咖啡馆洒下迷人黑幕

咖啡厅内部设计的理念源自具年代感的建筑外观，并将外墙抿石子材质转为室内的水磨石墙面与地板，成为身兼书店与咖啡馆的最佳背景。些许色彩家具则增加了空间的活泼气息。图片提供◎力口建筑

450

451

451

温馨木感带出乡村田园调性

虽然大面积地面使用的是水泥粉光，但借由壁面的文化砖墙，以及具木质感的鲜艳家具，座位区看起来一点都不冰冷，反而打造带有点性格的田园风格。图片提供 © 艾伦设计　摄影 © 钟崴至

452

让出店内空间作歇脚的咖啡座区

羡慕窗内悠闲品味咖啡的客人吗？何妨偷个闲也点杯咖啡在廊下坐着喝。当初咖啡馆正是据此理念将外墙内缩，并在窗边架出可倚靠的长椅，搭配左侧名人签名咖啡杯橱窗而成为特色。或许这样设计也可移植在自家阳台。图片提供 © 力口建筑

452

453

材质 | 漆料

453

以家具形塑空间氛围

想打造一个舒适的空间并不难，一张简单的沙发加上复古木柜，家具材质本身蕴含沉稳的特质，自然而然能散发出令人惬意放松的气息。摄影 ©Amily

454

轻松享户外的难得闲适

以木素材为主要使用材质，颜色则以黑白为主视觉，同时融合自然与简洁两种元素，再搭配木质座椅，让经常被忽略的户外空间变成更有形的坐席。摄影 ©Amily

454

材质 | 漆料

455

455
大桌共享产生更多可能

对应黑色天花板，墙面采用全然的白色，家具则以二人一桌为主。另外设置大桌，团体客人方便使用。一个人的客人则免去与人并桌的尴尬，店家调配也更灵活弹性。摄影©Amily

456
书报置物架展现贴心的待客之道

对许多上咖啡馆的客人，重点不仅是在喝咖啡，而是感受店主人体贴的服务或空间。如面墙的长桌下方有斜板架出的置物架，让客人可以更无牵挂地喝咖啡。小设计不仅给客人自在的时光，也更有设计感。图片提供©力口建筑

456

457

金属元素的前卫摇滚

考虑店内拥有挑高六米多的优势，因此设计师加做局部夹层，以增加可用的营业空间。楼板部分使用H型钢骨打造稳定且安全的承重结构，钢骨边缘还能作为展示格来使用。下方的座位区在天花板到墙面的L形界面嵌上镀锌浪板，保持类似铁工厂的独特风味。图片提供 © 子境设计

458

流露古典气息的特制沙发

店内空间一角规划长排的沙发区，深咖啡色皮革加上拉扣的椅面处理，散发一种优雅古典气息，很适合全家愉快用餐的背景。沙发区上方刚好有自厨房向外延伸的排油烟管经过，使用镀锌铁板将其包覆，在铁灰的背景中点缀金属光泽，也颇有摩登工业风的味道。图片提供 © KC DESIGN

夹层楼板 | 长 300 厘米 × 宽 250 厘米 × 高 25 厘米 | 钢骨、镀锌铁板、钢筋扶手

古典拉扣沙发 | 长 320 厘米 × 椅座深 50 厘米 × 椅背高 60 厘米 | 木作、PU 乳胶皮革

459
材质｜瓷砖

460
红砖屏风｜长 320 厘米 × 高 260 厘米｜红砖、木框、玻璃

461
材质｜老木

459

倚窗四人座位超有"范"

紧靠复古木拉门安排四人座位，方便三两好友聚会、聊天，偶尔悠哉望向门外的路边街景，感觉相当闲适。摄影 © 叶勇宏

460

古朴红砖墙的怀旧气息

进门左侧以古朴的红砖半墙搭配老木窗，打造一扇足以屏障室内视线的造型屏风。室内天花板不作多余包覆，灰蓝色的基底涂装，释放静谧安稳的气息。直接外露的管线，也在天花板上伸展出趣味线条。角落的沙发卡座相当舒适，搭配的特制栈板长桌也很有特色。摄影 © 叶勇宏

461

结合吧台概念的大餐桌

希望借由座位高度不同而给予客人另一种不一样的感受，因此入口处安排一个大桌子，专门订制桌高度比一般桌子高出许多，若想和吧台工作人员聊聊天，高度也刚刚好适合。摄影 © 叶勇宏

462

水管＋豆腐板打造成趣味十足的桌椅

店内的桌子、椅子有许多独特造型，而每一款都是具有工业设计底子的设计团队精心打造的生活艺术品。包括以传统豆腐板重新组装、上漆的灰绿色桌椅，椅面镶嵌马赛克、色彩缤纷的马卡龙凳子，以及让小编也爱不释手的水管造型椅等等，都让空间气氛更加有特色。摄影 © 叶勇宏

水管靠背椅｜椅面长 50 厘米 × 宽 55 厘米｜铁管、栈板组装

463

大面开窗让室内独具开放感

店内从裸式天花板的铁灰色，到墙面、地面水泥粉光的暖灰色，散发出一种安定、亲切的气息，地面也同样镶嵌带状花砖兼作动线引导。考虑一般来客的用餐人数多在两人以上，所以店内的座位采取2、4、6人座的双数配置，可以活用空间，但也不至于太拥挤。图片提供 © KC DESIGN

463

特制四人方桌｜高 75 厘米 × 长 90 厘米 × 宽 90 厘米｜杉木、铁件

464

材质｜漆料

465

材质｜水泥板、超耐磨木地板

466

材质｜老窗

464
专属小圈圈的座位
利用矮柜将沙发区与其他座位区隔开来，几张沙发椅很适合好友在这里聚会。由于空间以黑白为主因此沙发颜色也选用素色，借此搭配空间产生和谐感。摄影©Amily

465
鲜艳蓝色打亮座位区
以轻工业风为空间主要风格，颜色也多偏向黑灰色系，因此在座位区墙面采用一道亮眼的蓝色点缀，让灰色为主的座位区变得更有活力。而墙上贴满了客人的立可拍照片则注入活泼气息，也让人感觉更温馨。摄影©叶勇宏

466
怀旧老件形塑复古情怀
座位区之间利用旧窗与实木，共同砌出一道高墙，清晰地将空间一分为二。沿用旧窗老元素，椅凳也选用复古款式，自然融合一点也不显突兀。摄影©佘佩桦

467

467

户外座区享受大自然洗礼

台湾早期老房子通常长而深,因此在中段位置会设置天井以便采光,现在则改造成庭院,并摆放椅子成为可享受户外气息的最佳座位。摄影 © 叶勇宏

468

顺应斜切造型订制大餐桌

由于吧台以斜切造型设计,也顺势将空间做了区隔。比较多人用餐的区域,则依斜角订制原木大餐桌,不管一个人还是团体都相当适合。摄影 © 叶勇宏

468

469

469

畸零角落打造静谧座位区

位于楼梯下方的畸零空间，虽然不大但摆上一张四人桌刚刚好。质朴红砖墙搭配工业风壁灯，角落空间瞬间变身姐妹谈心的私密小角落。摄影 © 叶勇宏

470

吧台座位欣赏户外街景

正因为空间小，所以更要有效利用空间。在落地窗前以木质平台作为吧台台面，放上几张吧台椅就成了一个吧台区，坐在这里不仅能享受阳光，也能看着车来人往的有趣街景。摄影 © 叶勇宏

470

材质｜水泥粉光

471

入口座位也有好景色

虽然位于入口位置，但由于有大片落地窗，因此视觉自然而然会被吸引到落地窗外的景致，加上空间开阔，不会有入门位置的局促感。摄影 © 叶勇宏

472

丰富窗景才是真正的主角

简单的两人座位区，其实真正引人注意的是这道墙面，可爱的外推窗，让墙面有着乡村风调子。同时摆上琳琅满目的杂货小物，颜色鲜艳又可爱，也让坐在这里的人，立刻就有好心情。摄影 © 叶勇宏

材质｜木素材

473

473
吧台座位悠闲享受品味时刻

在入口吧台处安排吧台椅形成另一个座位区，在吧台区可以一个人静静独饮，也可以和工作人员聊聊天。而且在老屋的狭长空间里，由于吧台座位空间不需要太大，因此也不会影响走道空间。
摄影 © 叶勇宏

474
善用空间里的每个角落

空间相当窄小，因此需将空间运用到极致。从吧台延伸出来的平台，顺势就成为桌面，再摆几张小巧的小板凳，就是个可坐两人的座位区了。摄影 © 叶勇宏

474

第**4**章

外带区设计

等待也舒适的
外带专属空间

餐厅空间规划虽以内用客人为主，但若没有适度规划外带区，不仅容易造成外带客人不便，甚至也会影响店里用餐的舒适感受。建议若有多余空间应设置外带区，空间不够可以巧思设计引导动线，改善外带、内用客人彼此干扰的状况。

动线

475
外带动线与内用动线明显区隔

大部分的点餐柜台兼具接待和结账的功能，因此位置通常设在较靠近出入口的地方。为了避免外带消费者阻挡到内用消费者的进出，可将取餐位置分开设置，或者扩大结账区空间，预留可容纳 3~4 个人的空间，缓解结账区的拥挤。为避免影响内用消费者的用餐舒适度及行走动线，座位区与等待区之间至少要保持约 120 厘米的距离。

图片提供＿贺泽设计

476
吧台设计引导外带、内用动线

若空间过小无法另外规划外带区，可利用吧台造型引导客人动线。一字形吧台可借由点餐取餐位置分开，让外带客人自然在取餐区等待，而不引响内用动线。L形吧台建议将点餐与结账区安排在较短那面，座位可沿较长这一面安排。内用、外带客人点完餐后，动线各自分开不重叠，自然不会互相干扰。

摄影＿叶勇宏

摄影＿叶勇宏

477
外带动线以不影响主动线为原则

外带区位置的安排也要视餐厅规模来评估，大型连锁餐厅讲求效率，需要快速消化大量人潮，必须将点餐区和取餐区位置距离拉开，以保持点餐动线的流畅。而小型的个人咖啡馆或者餐厅，人潮相对较少，在不影响主动线的原则下，可以在邻近柜台的地方安排外带取餐区。

478
柜台设计引导顾客动线维持取餐秩序

部分只做外带的店面，在面积够大的情况下以作业区为主要配置考虑。另外规划简单的座位区以充分利用空间。为了减少人潮对骑楼人行道的影响同时掌握秩序，可以L形的转角柜台设计将取餐区规划在内部，引导消费者入内取餐。

图片提供＿逸乔设计

479

材质 | 铁件、水泥粉光

479
即使短暂停留也有舒适感受
在入口处安排一个长形立桌，不规划成座位区，
是希望维持空间里的开阔感。同时也是为了将外
带客人引导至此区，可以有效缓解点餐区的拥挤
状况，让外带的客人也能享受咖啡馆里舒适的
空间及氛围，而不只是单纯进来消费而已。摄影
©Yvonne

柜台｜梧桐木｜高 125 厘米 × 宽 30 厘米

材质｜超耐磨地板、水泥粉光地板

柜台｜实木贴皮染色
地板｜水泥粉光｜长 450 厘米 × 宽 110 厘米 × 高 80 厘米

480
一分为二，留出中央走道

由于面积较小且为窄长形的基地形状，在面宽受限的情况下，柜台沿墙设置，不仅留出向上的楼梯空间，前方也空出走道并设置吧台椅，方便客人等待。柜台高度刻意由低拉高，营造视觉深度，清浅的梧桐木，呈现清新自然的气息。摄影 © 叶勇宏

481
留出 L 形的开阔走道

从入口处退缩放置甜点柜与柜台，形成 L 形结账区域。同时餐桌与柜台保持一定距离，入口至座位区的动线因而留出宽敞走道，而这也是结账和外带的停留空间。另外，将结账区安排在梁下，刻意留给其余座位区开阔的天花高度，以营造舒适的休憩空间。摄影 © 叶勇宏

482
三五人等待也不嫌挤的空间

中岛厨房与结账区相连，拉长吧台长度，有效延伸视觉营造出大器风范。而位于结账区前方的桌椅刻意拉开适当的距离，留出约莫三五人站立也不嫌挤的宽度，从而避免干扰到座位区。再加上结账区旁的柜体设置外带展示区，让外带的客人有余裕的空间，又能打发等待的时间。摄影 © 叶勇宏

483

利用家具围塑空间领域

在甜点柜和展示区之间留出一小块的余白空间，暗示客人向前移动，作为主要的点餐等待区。而最靠近甜点柜的座位，刻意选择不同造型的学生椅，让座位区与点餐区形成一张椅子宽度的过渡空间，隐喻空间的转换，在约 33 平方米的空间中也能不过于拥挤。摄影 © 叶勇宏

484

摩登灰阶衬托木质馨香

因为店内实际空间不大，善用材质特色增加层次感，是很好的办法。设计师首先在墙面、地面使用灰阶的水泥粉光，其次是天花板和蛋糕柜、壁挂陈列柜等，大量使用天然木料打造，让空间展现一种摩登且悠闲的气氛。图片提供 © 六相设计

483

材质 | 超耐磨地板

484

蛋糕柜 | 高 140 厘米 × 宽 120 厘米 × 深 75 厘米
材质 | 松木、角材、金属、玻璃

材质 | 订制铁件、PVC 地板

吧台 | 宽 354 厘米 × 深 45 厘米
材质 | 胶合清玻璃

485+486

考虑展示区深度和桌距

以复古为主轴的咖啡厅中，运用高度相似的铁制行军床、木制老式柜体和学生桌，在柜台前方设置出一系列的商品展示和水杯取用区。在结账区前刻意选择深度较浅的老式柜体，方便客人靠近与店员对话。而座位区则向后推移，让出主要动线，也便于客人驻足停留。摄影 © 叶勇宏

487

延伸入内的空间想象

外观以透净清玻给人延伸入内的想象，整体设计融入折包装盒概念。色彩则以愉悦黄色结合沉稳的深咖啡色，呼应杯子蛋糕的外观包装。店内以外带甜点为主，让黑色吧台作为空间主体，打造出利落不失活泼的空间氛围，而开阔空间也确保外带不会有拥挤状况发生。图片提供 ©JCA 柏成设计

488
减少桌数，呈现宽广空间

餐桌沿着墙面设置，刻意摆放较少的桌椅，不仅桌距开阔，吧台前方也随即留出宽广走道，可作为外带客人驻足的等待区域。长形吧台沿着窗户延伸而出，为工作区注入采光。倒 L 形的形状能适时遮蔽工作区域，表面则运用马赛克瓷砖，展露浓厚的复古意味，与空间年龄相呼应。摄影 © 叶勇宏

489
结合多重功能的便利动线

将厨房、回收台、收付柜台等功能，规划成一直线，并将回收餐盘、收付、外带、收纳等功能整合在靠近出入口区域，与用餐动线明显区隔开来，避免客人来往流动造成空间拥挤、影响用餐气氛，打造一个方便客人回收餐盘、付款、外带的流畅动线。图片提供 © 贺泽设计

488

柜台｜马赛克瓷砖

489

柜体｜厚木钢刷橡木 ｜ 天花｜刨花板

490

材质｜南方松实木、人造石

490

老桧木箱展示每日新鲜水果呼应品牌精神

新品牌果汁店以南方松实木条的立面化，围塑出森林系的空间质感，呼应品牌强调新鲜果汁为原料。外带区融入市场销售的概念，运用老桧木箱陈列每天的新鲜水果，让水果不仅是食材也成为观赏的主角。右侧柜台则嵌入液晶电视、店卡与广告杂志架，三者结合加上电视不断轮播店内的招牌饮品，强化品牌意象。图片提供©力口建筑

491

作业动线引导客人动线

以弯转流线、圆润边角打造柜台，并在表面镶嵌金色品牌字样，形成充满雍容光泽的空间。从点餐到商品陈列玻璃柜，作业依序进行，点餐与等待动线不重叠，自然不会发生挤在点餐区的窘况。图片提供©十分之一设计

491

材质｜人造大理石、钢烤白漆

492

材质｜清水砖

492
清水砖中岛整合外带与烘焙、料理

面对长形街屋基地，工作吧台兼外带区在规划上是一大重点配置。中岛吧台采用清水砖工法，砌完后无任何水泥加工，呈现干净且手感的氛围。回应小店贩售手作蛋糕面包的定位，也因此吧台左侧主要提供手作面包陈列，搭配复古灯具的选用，让氛围更到位。图片提供 © 力口建筑

493
木质家具打造悠闲等候氛围

咖啡馆的入口前端利用椅凳、长凳家具配置，搭配马赛克瓷砖地面的设计，呈现公园步道的悠闲意象，让外带客人能在此稍坐歇息。后方白墙以手感插画为摆设，一旁的栏杆、家具也装点着绿意，彼此相互交融打造清新疗愈的自然氛围。图片提供 © 郑士杰设计有限公司

493

材质｜铁件、木料

494

494

简单主张的实木感吧台

以手作面包、意式咖啡与甜点作为主要营业项目的这间特色小店，在吧台设计上主要锁定提供结账与煮咖啡两种功能。因此，动线安排非常简单，面对吧台的左侧为结账区，右侧为咖啡制作区。而在吧台外围也贴心地设计一置物台，避免客人付款或取餐时两手大包小包的慌乱窘境。图片提供 © 禾方设计

495

相异地面材质区隔内外

室内天花板及地面造型部分延续入口斜向的设计语汇，材质则采用橡木及黑铁边框元素。地板利用橡木与水泥粉光明显将外带区与室内座位区隔开来，让彼此不会互相干扰。另外在外带区规划立桌设计，方便短暂停留的外带客人可以或站或坐的休息等待。摄影 © Yvonne

495

材质｜橡木、黑铁

496

外带区同时也是资讯情报站

将饮料冷藏柜安排在结账区靠墙位置，方便客人结完账带着走，也借此留出一小块让外带客人可暂时等待的空间。外带客人往墙面方向挪移，自然不会影响到门口出入。在这里同时摆放许多关于前往澳洲旅游、游学资讯，提供给有兴趣的人参考使用。摄影 ©Yvonne

497

放宽尺度疏散结账区的拥挤

入口与吧台结账处刻意规划可容纳三至四个人走动的宽度，是考虑到外带客人结完账后，可以有暂时等候的空间，既不影响准备结账离开的客人，又可在等待时感受咖啡馆的轻松氛围。等候区木夹板墙上，随兴以照片做装饰，让外带客人等候之余也能感受店长与客人的互动。摄影 © 叶勇宏

材质｜木夹板

497

材质｜水泥粉光、木夹板

材质 | 水泥粉光

材质 | 超耐磨木地板

498

提供外带等候时的小小乐趣

不仅结合文艺活动，在这里也销售创意设计小物。因此在一进门左侧将等候外带结合展示区，独立在入口处明显与座位区有段距离，不会影响店里客人用餐气氛，也让外带客人在等候期间可以逛逛消磨等待的时间。摄影 © 叶勇宏

499+500

方正格局反而让出外带区

由于格局方正，因此入口一进门处不摆放座位，空下来正好成为外带、候客的区域。如外带等候客人较多时，则可将动线拉至门外右侧平台，以免影响内用客人。摄影 © 叶勇宏

附
作业区设计

作业区是一家餐厅的核心，设计得不好甚至有可能影响营业。因此除了购入设备外，怎么安排设备位置，空间应该多大，甚至工作动线如何规划，不论工作区（厨房）大小都应该注意，尽量避免让错误的设计影响场内人员工作的舒适度与效率。

咨询设计师 _ 力口建筑 利培安。直学设计 郑家皓 | 插画 _nina

要点一 动线顺畅工作更有效率

厨房位置的安排，首先最需要考虑的就是场外人员作业动线是否顺畅，客人出入口与出菜、回收碗盘行经动线最好尽量错开，避免因为动线重叠导致拥挤。若是空间许可最好规划在不同位置，一般作业区（厨房）不论其户型或者格局，顺应人使用的动线不外乎以下几种类型：

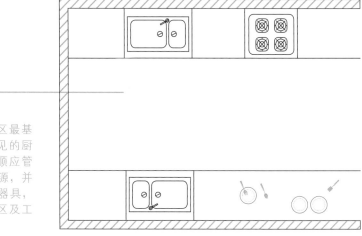

二字形

这是一般厨房作业区最基本的类型，也最常见的厨房配置。靠墙一端顺应管线会设置火源与水源，并依照业种决定锅炉器具，而另一端则为备料区及工作台。

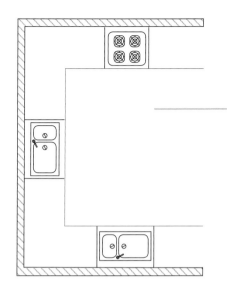

⊏字形

属于二字型厨房的变形。随着
餐厅菜单内容复杂度增高，锅
炉器具增多与人员的扩张，或
是顺应户型环境而有了调整，
但不外乎火源与水源等需要管
线的装置会位于墙边或是分别
配置两旁。

三字形与环状中岛

现代餐厅厨房里的动线多采用
法式厨房也就是环状中岛配
置，中间是中岛型工作区，火
线与洗碗区分别配置于两旁，
开放式厨房的吊架或设备可以
成为开放式厨房设计一部分。
水槽是重要的工作点，把冰箱
规划在水槽附近，让烹调前的
准备工作更容易。同时，水槽
靠近炉具，也方便要沥干煮好
的面条及蔬菜。

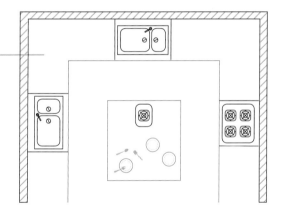

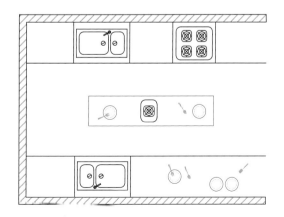

要点二 厨房小细节设计

除了厨房设备基本配置及工作动线安排外，厨房小细节的设计若能更为讲究，不仅关乎能否让厨房工作人员在工作时，动作更为流畅进而提高工作的舒适度，同时也相对地提高工作效率。

摄影 © 叶勇宏

摄影 © 叶勇宏

气压平衡

一般来说，厨房里的压力应大于用餐区，餐厅内部的压力应大于室外。中大型餐厅厨房则须注意补风问题，补风的需要来自于当空气被大量抽走的时候，外场的空气会被吸入厨房，如此会造成冷气冷度不足，或是大门无法开启的问题。

截油槽与水沟

截油槽是当今所有餐饮业的标准规格，一般标准型截油槽深度30厘米，如果地面深度不足，必须架高或使用活动式截油槽设置于水槽下方。厨房内场地面需注重防滑问题，以马赛克或20厘米正方形瓷砖为佳。正规餐厅标准需要以水管冲洗的厨房地面需垫高15厘米并设置水沟，但一般较为小型的餐厅可视现场状况做设计。

摄影©Yvonne

后门

餐厅或咖啡厅最好规划后门，以便让厨师方便到户外休息，送货与维修时合作厂商也不会与顾客动线相互冲突；没有后门的餐厅应该尽量将送货、维修时间与营业时间错开。

灯光

厨房内灯光应明亮，以可呈现食物颜色为主，确保工作人员可以清楚看见食物中有无其他异物混入，以保障用餐客人饮食安全。减少阴影以及眩光可能性，建议采用日光灯作为照明设备，因为日光灯发光率高、寿命长、价格较低，产生的阴影也较少。

著作权合同登记号：图字13-2017-091

本书经台湾城邦文化事业股份有限公司（麦浩斯出版）授权出版中文简体字版本。未经书面授权，本书图文不得以任何形式复制、转载。本书限在中华人民共和国境内销售。

图书在版编目（CIP）数据

吃喝小店空间设计500 / 漂亮家居编辑部著. —福
州：福建科学技术出版社，2018.7
ISBN 978-7-5335-5647-1

Ⅰ.①吃… Ⅱ.①漂… Ⅲ.①饭店—建筑设计—图集
Ⅳ.①TU247.4-64

中国版本图书馆CIP数据核字（2018）第141992号

书　　名	吃喝小店空间设计500	
著　　者	漂亮家居编辑部	
出版发行	福建科学技术出版社	
社　　址	福州市东水路76号（邮编350001）	
网　　址	www.fjstp.com	
经　　销	福建新华发行（集团）有限责任公司	
印　　刷	福建彩色印刷有限公司	
开　　本	787毫米×1092毫米　1 / 16	
印　　张	14.75	
图　　文	236码	
版　　次	2018年7月第1版	
印　　次	2018年7月第1次印刷	
书　　号	ISBN 978-7-5335-5647-1	
定　　价	69.80元	

书中如有印装质量问题，可直接向本社调换